"十四五"国家重点出版物出版规划项目

青少年科学素养提升出版工程

U0332476

中国青少年科学教育丛书

总主编　郭传杰　周德进

太空探索

郑永春 编著

浙江教育出版社·杭州

图书在版编目（CIP）数据

太空探索 / 郑永春编著. -- 杭州 ： 浙江教育出版
社，2022.10（2023.12重印）
　（中国青少年科学教育丛书）
　ISBN 978-7-5722-3189-6

　Ⅰ．①太… Ⅱ．①郑… Ⅲ．①空间探索－青少年读物
Ⅳ．①V11-49

中国版本图书馆CIP数据核字(2022)第036689号

中国青少年科学教育丛书

太空探索

ZHONGGUO QINGSHAONIAN KEXUE JIAOYU CONGSHU
TAIKONG TANSUO

郑永春　编著

策　　划	周　俊	责任校对	姚　璐
责任编辑	高露露　滕建红	营销编辑	滕建红
责任印务	曹雨辰	美术编辑	韩　波
封面设计	刘亦璇		

出版发行　浙江教育出版社（杭州市天目山路40号 邮编：310013）

图文制作　杭州兴邦电子印务有限公司

印　　刷　杭州富春印务有限公司

开　　本　710mm×1000mm　　1/16

印　　张　13.25

字　　数　265 000

版　　次　2022年10月第1版

印　　次　2023年12月第2次印刷

标准书号　ISBN 978-7-5722-3189-6

定　　价　38.00元

如发现印、装质量问题，请与我社市场营销部联系调换。联系电话：0571-88909719

中国青少年科学教育丛书
编委会

总主编：郭传杰　周德进

副主编：李正福　周　俊　韩建民

编　委：（按姓氏笔画为序排列）

马　强　沈　颖　张莉俊　季良纲

郑青岳　赵宏洲　徐雁龙　龚　彤

总序

　　高度重视科学教育，已成为当今社会发展的一大时代特征。对于把建成世界科技强国确定为 21 世纪中叶伟大目标的我国来说，大力加强科学教育，更是必然选择。

　　科学教育本身即是时代的产物。早在 19 世纪中叶，自然科学较完整的学科体系刚刚建立，科学刚刚度过摇篮时期，英国著名博物学家、教育家赫胥黎就写过一本著作《科学与教育》。与其同时代的哲学家斯宾塞也论述过科学教育的重要价值，他认为科学学习过程能够促进孩子的个人认知水平发展，提升其记忆力、理解力和综合分析能力。

　　严格来说，科学教育如何定义，并无统一说法。我认为科学教育的本质并不等同于社会上常说的学科教育、科技教育、科普教育，不等同于科学与教育，也不是以培养科学家为目的的教育。究其内涵，科学教育一般包括四个递进的层面：科学的技能、知识、方法论及价值观。但是，这四个层面并非同等重要，方法论是科学教育的核心要素，科学的价值观是科学教育期望达到的最高层面，而知识和技能在科学教育中主要起到传播载体的功用，并非主要目的。科学教育的主要目的是提高未来公民的科学素养，而不仅仅是让他们成为某种技能人才或科学家。这类似于基础教育阶段的语文、体育课程，其目的是提升孩子的人文素养、体能素养，而不是期望学生未来都成为作家、专业运动员。对科学教育特质的认知和理解，在很大程度上决定着科学教育的方法和质量。

科学教育是国家未来科技竞争力的根基。当今时代，经历了五次科技革命之后，科学技术对人类的影响无处不在、空前深刻，科学的发展对教育的影响也越来越大。以色列历史学家赫拉利在《人类简史》里写道：在人类的历史上，我们从来没有经历过今天这样的窘境——我们不清楚如今应该教给孩子什么知识，能帮助他们在二三十年后应对那时候的生活和工作。我们唯一可以做的事情，就是教会他们如何学习，如何创造新的知识。

在科学教育方面，美国在 20 世纪 50 年代就开始了布局。世纪之交以来，为应对科技革命的重大挑战，西方国家纷纷出台国家长期规划，采取自上而下的政策措施直接干预科学教育，推动科学教育改革。德国、英国、西班牙等近 20 个西方国家，分别制定了促进本国科学教育发展的战略和计划，其中英国通过《1988年教育改革法》，明确将科学、数学、英语并列为三大核心学科。

处在伟大复兴关键时期的中华民族，恰逢世界处于百年未有之大变局，全球化发展的大势正在遭受严重的干扰和破坏。我们必须用自己的原创，去实现从跟跑到并跑、领跑的历史性转变。要原创就得有敢于并善于原创的人才，当下我们在这方面与西方国家仍然有一段差距。有数据显示，我国高中生对所有科学科目的感兴趣程度都低于小学生和初中生，其中较小学生下降了9.1%；在具体的科目上，尤以物理学科为甚，下降达18.7%。2015年，国际学生评估项目（PISA）测试数据显示，我国15岁学生期望从事理工科相关职业的比例为16.8%，排全球第68位，科研意愿显著低于经济合作与发展组织（OECD）国家平均水平的24.5%，更低于美国的38.0%。若未来没有大批科技创新型人才，何谈到本世纪中叶建成世界科技强国！

从这个角度讲，加强青少年科学教育，就是对未来的最好投资。小学是科学兴趣、好奇心最浓厚的阶段，中学是高阶思维培养的黄金时期。中小学是学生个体创新素质养成的决定性阶段。要想30年后我国科技创新的大树枝繁叶茂，就必须扎扎实实地培育好当下的创新幼苗，做好基础教育阶段的科学教育工作。

　　发展科学教育，教育主管部门和学校应当负有责任，但不是全责。科学教育是有跨界特征的新事业，只靠教育家或科学家都做不好这件事。要把科学教育真正做起来并做好，必须依靠全社会的参与和体系化的布局，从战略规划、教育政策、资源配置、评价规范，到师资队伍、课程教材、基地建设等，形成完整的教育链，像打造共享经济那样，动员社会相关力量参与科学教育，跨界支援、协同合作。

　　正是秉持上述理念和态度，浙江教育出版社联手中国科学院科学传播局，组织国内科学家、科普作家以及重点中学的优秀教师团队，共同实施"青少年科学素养提升出版工程"。由科学家负责把握作品的科学性，中学教师负责把握作品同教学的相关性。作者团队在完成每部作品初稿后，均先在试点学校交由学生试读，再根据学生反馈，进一步修改、完善相关内容。

　　"青少年科学素养提升出版工程"以中小学生为读者对象，内容难度适中，拓展适度，满足学校课堂教学和学生课外阅读的双重需求，是介于中小学学科教材与科普读物之间的原创性科学教育读物。本出版工程基于大科学观编写，涵盖物理、化学、生物、地理、天文、数学、工程技术、科学史等领域，将科学方法、科学思想和科学精神融会于基础科学知识之中，旨在为青少年打开科学之窗，帮助青少年开阔知识视野，洞察科学内核，提升科学素养。

"青少年科学素养提升出版工程"由"中国青少年科学教育丛书"和"中国青少年科学探索丛书"构成。前者以小学生及初中生为主要读者群，兼及高中生，与教材的相关性比较高；后者以高中生为主要读者群，兼及初中生，内容强调探索性，更注重对学生科学探索精神的培养。

"青少年科学素养提升出版工程"的设计，可谓理念甚佳、用心良苦。但是，由于本出版工程具有一定的探索性质，且涉及跨界作者众多，因此实际质量与效果如何，还得由读者评判。衷心期待广大读者不吝指正，以期日臻完善。是为序。

2022 年 3 月

目录

第 1 章

从地球出发

地球是人类的摇篮，但人类不会永远生活在摇篮中……开始，他们将小心翼翼地穿出大气层，然后，便去征服整个太阳系。

——齐奥尔科夫斯基

探索太阳系的起源与演化

自从人类飞上蓝天之后，就一直憧憬着飞出地球，探寻广阔的宇宙空间里星辰的奥秘。

当前我们面临着地球人口快速增长、资源消耗惊人、环境破坏严重等状况，需要我们加快太空探索的脚步。探索的渴望从来也不曾停歇，这是我们走向宇宙的动力。人类希望找到第二个"地球"，一个新的人类家园。

从空间上讲，宇宙无边无际，即使小到太阳系，其半径（太阳系的半径并没有明确的定义，根据太阳风的势力范围、太阳引力的影响范围、太阳到邻近恒星的距离等不同标准，太阳系的半径差异很大）也达 10 万～ 15 万个天文单位（天文单位是天文学中计量天体之间距离的单位，其数值取地球和太阳之间的平均距

图 1-1　美丽的地球

离，约 1.5 亿千米 ）。相比宇宙而言，地球只是其中一个闪着幽幽蓝色光芒的小小圆点，它渺小得有些平凡。

从时间上讲，宇宙的年龄约为 138 亿年，太阳系的年龄约为 46 亿年，它们都经历了非常漫长、极其复杂的演化历史。相对于宇宙和太阳系的历史而言，人类在地球上的历史只有约 200 多万年，人类文明史只有短短 5000 年，工业革命至今只有数百年，而人的一生只有短短的几十年，真可谓白驹过隙。

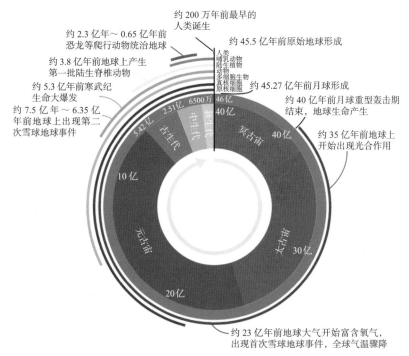

图 1-2　地球历史中的主要演化事件

数千年来，人类只能用肉眼观察星空，并通过一些简单的天文仪器测量天体在天空中的位置和移动速度。我们借助望远镜观测宇宙的历史只有 400 多年，利用航天器开展太空探索的时间仅有半个多世纪，人类对宇宙的认识仍然非常有限。无论多么努力地探索和求知，面对深邃的宇宙，我们依然显得那么无知。因此，人类探索太阳系的第一个动力来自我们探索未知世界的冲动。我们渴望了解地球以外的世界，希望探访太空中的各类天体，这种深切的渴望大大推动了基础科学的进步。

牵引航天技术的发展

自进入航天时代以来，人类探索的足迹，已经遍及太阳系内所有主要天体，当然包括炙热无比的太阳。这些探索任务，显著地提升了人类的技术能力，特别是航天技术和地外生存的能力。太空探索获得的数据和资料，帮助我们获得了大量的新的科学发现，极大地扩充了人类的知识库，鼓舞和吸引着年轻一代的探索者。

以太阳系探索为例，这些探索任务面对的是陌生的天体目标、特殊的太空环境。从地球出发，探测器要历经长期飞行，才能实现对这些天体的飞越、环绕、着陆和表面巡视探测，这一过程几乎逼近人类航天技术能力的极限。

探索太阳系和宇宙的起源和演化、生命的起源和演化以及物质的起源和演化是人类开展太阳系探测的终极目标。日益增长的科学探索需求是牵引航天技术跨越式发展的主要动力。不同类型天体的环境往往与地球环境存在很大差异，我们需要采用创新性的技术才能实现科学探测的目标。例如，探测木星以远的行星需要穿越小行星带，在轨道设计中要先从其他行星附近飞越以实现借力飞行；探测木星以远的天体，由于那里的太阳光已经很微弱，太阳能电池已无法满足需求，所以必须开发太空核能技术，以供应探测器所需的能源，由于距离遥远，故深空探测对航天器的轨道设计、测控通信、数据传输能力提出了更高的要求；金星表面的大气压力约为地球的 90 倍，降落在金星地表的是强腐蚀性的浓硫酸雨，登陆探测难度极大，采用浮空气球是探测金星的可能途径，但这一技术在行星探测中还没有成功先例；很多彗星和小行星的直径一般只有数千米至数十千米，结构松散，体积和质量较小，探测器无法被其引力捕获，如何才能实现对这种"非合作"天体的环绕伴飞和表面附着，这对航天器的控制精度提出了很高的要求。

随着我们对太阳系认识的不断深入，针对新的科学问题，探测任务早已不再局限于拍摄照片，探测需求变得十分多样化。例如，精确测定天体表面的磁场强度，研究天体表面的岩石以探究行星的形成和演化过程，等等。

实施太阳系探测任务需要优化轨道设计，研发新的测控体制、激光通信和数传技术，小型化的太空核能反应堆，以及多功能、

轻小型、长寿命的科学探测设备等。这些需求推动了航天技术
的跨越式发展，使人类的知识、能力、技术取得新的进展。因
此，从某种意义上说，太空探索是人类社会文明进步的动力源泉
之一。

第2章

太空探索的社会价值

你所爱的每一个人，你认识的每一个人，你听说过的每一个人，曾经存在过的每一个人，都在它上面度过他们的一生——一粒悬浮在阳光中的微尘。

——卡尔·萨根

谦卑的认知

"四方上下曰宇，往古来今曰宙"。前一句说的是空间，后一句说的是时间。在这里，宇宙是天地万物的总称，时间和空间是宇宙万物最基本的存在形式。宇宙，在时间上以其漫长与永恒述说着生命的短暂；在空间上以其浩瀚与宏大反衬着地球和人类的渺小。

虽然我已在城市生活了三十余年，但幼年时在绍兴农村生活的场景依然历历在目。每当晴朗的夏夜，在田间劳作一天的人们来到晒谷场上乘凉，夜空宛如水洗，银河像一条乳白色的天河，河的一边是织女，另一边是牛郎和他们的两个孩子。儿时看到的壮丽星空，给我留下了深深的震撼。不可否认，这种震撼至今仍影响着我观察世界的心态。一边是保护生态环境，顺应自然规律；一边是"人定胜天""只要人心齐，敢叫日月换新天"的豪言壮语。两者之间的差异，让我开始思考"人"和"天"的关系。

在我上大学的时候，伦敦烟雾事件、日本水俣病等环境污染事件，被作为典型案例，教育我们切不可走发达国家先污染、后治理的老路。可我们还是在发展中遇到了类似的问题，尤其是21世纪的前十年，随着中国从农业社会向工业社会的加速转型，在一些地方连漆黑的夜空都似乎成为奢侈品，因为光污染、大气污染等原因，很多地方很难看到壮丽的银河，甚至找不到指路的北斗。如今，城市中长大的年轻人，很多已无法体会到面对满天星斗时，那来自灵魂深处的震撼。

繁星仍在，宇宙依然按其自身规律演化变迁，但我们看待宇宙的视角已经改变。

根据最新的宇宙演化理论，我们可以"看到"的普通物质仅占宇宙的约 4%，其他 96% 均无法"看到"。其中，约 23% 是暗物质，73% 是暗能量。在可以"看到"的宇宙中，有一个室女座超星系团，其中有一个本星系群。在本星系群中，质量最大的是银河系和仙女座星系。就像月球是地球的卫星一样，银河系也有自己的卫星星系，其中包括大麦哲伦星系、小麦哲伦星系等。宇宙中像银河系这样的星系有上千亿个，银河系中像太阳这样的恒星有数千亿颗。无论从亮度、大小，还是密度，太阳都是一颗很普通的恒星。只因为它离地球最近，才成为我们看到的天空中最大、最亮的天体。

太阳的质量约占太阳系总质量的 99.86%，所有的行星、矮行星、彗星和小行星等的质量加起来仅占 0.14%。在八颗行星中，地球的体积仅比水星、火星、金星稍大，约为木星的 1/1300。太阳系最远的行星——海王星距离太阳约为 45 亿千米，而太阳系的半径约 2 光年，约为太阳到地球距离的 12.6 万倍。在海王星以远的空间中，还有一片天体密集的新大陆——柯伊伯带，那里还有许多与冥王星大小相近的天体。由于柯伊伯带部分天体的运行轨道异常，科学家推测，柯伊伯带可能还隐藏着两颗未被发现的行星。

近年来，被发现的系外行星数量猛增，这说明像太阳系这样的行星系统在宇宙中十分普遍。这不免让人们猜测，其中可能会有类似地球的行星，那里也孕育了生命。这些地外生命，或许只

图 2-1　太阳系中的八颗行星和月球。上面四颗是类地行星（地球右侧是月球），具有岩石组成的固体表面；下面四颗是类木行星，由气态和液态物质组成，没有岩石组成的表面

是一些单细胞，一团藻类，或许是与人类一样具有高等智慧的生物，或许是比人类更为强大的智慧生物。

人类似乎已经足够强大。20 世纪 60 年代，人类就已登上月球。未来 20 年，我们还将计划登上火星。虽然最远的航天器已经飞出了太阳风的势力范围，也就是日球层的边界。但是，在可预见的将来，人类还无法飞出太阳系。旅行者 2 号从 64 亿千米远的太空回眸地球，传回的照片显示，我们赖以生存的地球只是阳光照射下一个暗淡的蓝色圆点。我们发现，即使在太阳系里面，地球也只是一个不起眼的小球，因为地球的体积只有太阳的一百三十万分之一。

根据被广泛接受的宇宙大爆炸理论，我们的宇宙诞生于大约 138 亿年前的一次大爆炸。而太阳系始于 50 亿年前一团弥漫着星际气体和尘埃的星云，这团星云的坍缩引发了核聚变反应，形成了太阳，而后形成其他各类天体。地球的年龄大约为 46 亿年。如果把地球历史视为 24 小时，每秒相当于 5.32 万年。以此来看地

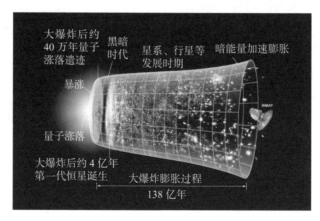

图 2-2　宇宙创生于 138 亿年前的一次大爆炸，一直膨胀至今。图左的绿色椭圆表示宇宙微波背景辐射，是大爆炸之后残留至今的"余温"。1964 年，美国射电天文学家阿诺·彭齐亚斯和罗伯特·威尔逊因发现宇宙微波背景辐射，获 1978 年诺贝尔物理学奖。2006 年，美国科学家约翰·马瑟和乔治·斯穆特因发现宇宙微波背景辐射的黑体形式和各向异性获诺贝尔物理学奖。从右向左的每一条圆环，代表 10 亿年的演化历史。圆环逐渐变大，说明大爆炸之后，宇宙一直在加速膨胀

球和人类的历史：大约凌晨3点到5点半（40亿～35亿年前），地球上就已经出现了最初级的原核细胞。但是，生命进化十分缓慢，直到晚上21时13分20秒（约5.3亿年前），才产生了现在几乎所有动物的"门"类；23时39分38秒（约6500万年前），小行星撞击导致曾经独霸地球的恐龙灭绝和大规模的生物灭绝；23时59分12秒（200万年前），最早的人类开始出现；五千年的文明史，仅仅是这一天中最后的不到0.1秒。

无论是时间还是空间，在宇宙面前，我们每个人都非常渺小。面对无边无际的宇宙，即便穷其一生，我们也无法探究其中的全部奥秘。所以，人生最值得做的事情，就是要在地球上留下我们曾经来过的痕迹。这些痕迹曾经推动过历史的车轮，更被后人长久珍藏。

好奇心的释放

好奇是人类的天性，探索未知是人类的本能。鸟儿为什么歌唱？人为什么热爱自然？探索这些问题虽不是生存所必需的，却是理所当然的。人类天生就热爱探索，这种好奇心已经刻在了我们的基因里。

"星垂平野阔，月涌大江流。"浩瀚的宇宙，让人类的好奇心得到了充分释放，让我们认识到世界之广袤和宇宙之无穷。

　　好奇是创新的源泉。除了生存必需，我们如今所享用的绝大多数文明成果都源于人类的好奇心。人类从丛林、江河出发，走过了几千年的春夏秋冬，站在前人智慧的基础上，如今的人类对地球的认识日渐清晰，我们已经知道这颗蓝色星球上季节变迁的影响，山脉起伏的原因，以至于我们在拥抱它的美好的同时，开始了又一轮的好奇探索——地球之外的空间是什么样的呢？

　　很多天文理论的产生都是以人类丰富的想象力为基础的，先经过理论推测，再逐渐被观测到的事实所证实。例如，宇宙始于大爆炸，是从一个质量无限大、体积无限小、温度和压力极高的奇点，逐步膨胀到现在的状态的，宇宙现在仍在加速膨胀；银河系中可能有上百万个恒星级黑洞，但目前只找到了极少数；在超强引力作用下，时空可以弯曲，也许借助于连接两个不同时空的狭窄隧道——虫洞，人类可以从一个时空穿越到另一个时空……

　　宇宙是一个天然的巨型科学实验室，以至于天文学研究需要一套专门的度量单位。地球和太阳之间的平均距离约等于1.5亿

图 2-3　时空弯曲和时间隧道示意图，图中的网格代表时间和空间

千米；光年是天文学常见单位，1 光年约为 94605 亿千米；在银河系中，太阳只是一颗中等质量的恒星，其质量是地球质量的约 33 万倍。太阳质量是描述其他恒星时常常用到的单位。

天文事件的巨大能量释放、超长时间跨度、超大空间尺度，远远超出了人类的认知极限。因此，在实验室内模拟天文事件和天文过程极为困难。人类对太空的认识，很大程度上是以我们所认识的地球上的事物为基础，再经过推测得到的。例如，水是生命之源，生命的产生需要水、有机物和适宜的温度。于是，我们在寻找地外生命时，总是通过在宇宙中寻找有机物，寻找液态水，寻找位于恒星附近温度适宜的"宜居带"中的行星，特别是与地球大小相近的行星，来判断是否可能存在生命。但我们发现，水在太阳系里其实非常丰富，在太阳系边缘的冷库中，储存着数倍于太平洋的水量。至于有机物，我们在陨石中和一些星球的表面发现了嘌呤、核苷酸、氨基酸等……不过，我们至今没有发现任何地外生命。

图 2-4　火星上的沉积岩，被认为是火星上存在液态水的标记

也许，宇宙中的情形与我们已知的事物很不同，以地球上的认识为基础来探索宇宙或许是错误的。也许，地外生命完全不需要水，它们可以"喝"甲烷或其他液体。也许，地外生命不是以碳链组装的有机物，而是以硅链组装的。也许，地外生命可以生活在极端的温度和压力下，人类所谓的宜居，只是因为我们自身适应罢了。

对于宇宙，我们可以有无数的想象，但太空的奇特一定远远超越我们的想象。宇宙有上千亿个星系，每个星系都有上千亿颗恒星，我们的太阳只是数千万亿亿颗恒星中的一员。因此，从概率上分析，地外生命的存在是十分有可能的。

太阳系边界的拓展

人类对太阳系的认知是在好奇心的驱使下不断拓展的。中国和世界其他国家的古人，都很早就注意到天空中在恒星背景中穿行的天体。中国古代五行学说中的五行，最早就是指水星、金星、火星、木星、土星这五个天体，这也是人类肉眼可见的五颗行星。行星的定义源自古希腊，是指在星空中游荡的天体。在亚里士多德、托勒密等主导的地心说时代，人类把每天东升西落的太阳和月亮也都视为行星，认为天上有七颗行星，称之为七曜，而地球位于宇宙的中心。在哥白尼的日心说确立之后，人们根据行星的运行规律认识到行星并非绕地球运行，而是绕太阳运行。地球只是行星中普通的一员，并非宇宙中心，天空中的行星数量"变为"六颗。

是否存在比土星更远的行星呢？好奇心驱使全世界的天文学家开始搜寻第七颗行星。望远镜被发明后，天文学家赫歇尔致力于磨制更高放大倍数的望远镜，他制造的望远镜甚至比英国皇家天文学会的专业望远镜性能更优。1781 年，赫歇尔利用望远镜开展系统搜寻，最终发现了天王星，成为利用现代科技发现行星的第一人。

天王星外是否还有行星呢？太阳系第八颗行星海王星的发现要归功于数学家。天文学家观测后发现，天王星的运行轨道不符合预期，推测可能受到了一颗未知天体的引力干扰。法国数学家勒维耶和英国数学家亚当斯根据牛顿万有引力定律，各自独立算出了未知行星的轨道。而后德国柏林天文台的伽勒在预测位置附近搜寻，终于发现了第八颗行星海王星。

那么，太阳系是否存在第九颗行星呢？ 20 世纪初，美国天文学家罗威尔痴迷于寻找火星上的运河和火星人，并斥资成立了私人天文台，聘请职业天文学家来寻找火星文明。但后来的证据却表明火星运河和火星人纯属虚构。除了火星，罗威尔坚信海王星之外还存在未知行星，并称其为 X 行星，但他直至去世也没有找到这颗行星。不过，这种没有功利目的的探索行为反而收获颇丰。1930 年，罗威尔天文台的观测助理、年仅 22 岁的农家青年汤博，在美国亚利桑那州高原上寒冷的观测室里，通过孜孜不倦的巡天观测，发现了冥王星。这是欧洲大陆之外的天文学家首次发现新的行星，标志着世界科学中心从欧洲大陆向北美大陆的转移。冥王星的发现一直被美国人津津乐道，引以为豪，甚至在长达半个多世纪内将冥王星称为"美国行星"。

冥王星之外是空空荡荡的吗？好奇心驱使美国麻省理工学院的大卫·朱维特教授和研究生刘丽杏，继续搜寻冥王星之外的太阳系空间，那里远离太阳，又暗又冷，天体反射的太阳光非常暗弱。经过五年的艰苦搜寻，终于在1992年发现了第一个天体"1992 QB1"，证实了柯伊柏带的存在，并且成为一系列新发现的开端。由于在冥王星附近发现了与它大小相当的天体，直接挑战了冥王星保持半个多世纪的行星地位，并使其在2006年被降级为矮行星。由此，冥王星也从最具争议的行星，变成了柯伊柏带数以万计冰冻天体的"领头羊"。

柯伊柏带之外是否还有新的行星？太阳系的边界在哪里？好奇心将驱使人类继续拓展太阳系的认知边界。

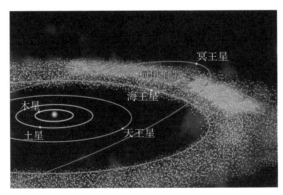

图2-5　海王星轨道以外的太阳系空间，有一个由冰冻天体组成的柯伊伯带，冥王星是柯伊伯带中的最大天体。柯伊伯带以外还有长周期彗星的发源地奥尔特云

从仰望星空到登临探测

进入航天时代以前，人类关于太阳系的描述依然很有限。那个时候的人们不知道火星上有足以让珠穆朗玛峰和美国科罗拉多大峡谷相形见绌的火山和峡谷。他们推测，金星的云层下是一片雾气笼罩的丛林、贫瘠的沙漠、充满碳酸水的海洋，或者是一个沥青湖——涵盖了当时人们所能想到的全部，但真正的金星却是一片布满火山的不毛之地，到处流淌着熔岩。人们对土星的卫星的认识更是简单，对土星两条模糊光环的描述也很不准确。而今天，我们能看到，土星环其实是由数十万条细环组成的，也知道土卫六上有甲烷湖泊。

那时，人们甚至认为行星很小，只是天空中的几个亮点，不过是弹丸之地，而地球比它们重要得多。现在，人们知道地球也是一颗行星，从太空看去，就像是黑色天鹅绒布上镶嵌的蓝色大理石，表面大部分覆盖着水。那时的人们不知道，月球可能诞生于一次天地大碰撞。大多数人也没意识到，人类有改变整个地球环境的力量。无论太空时代给我们带来了什么，毫无疑问，它丰富了我们对地球的认识，为我们展现了一幅真实的宇宙画卷。

自 1957 年苏联发射第一颗人造卫星以来，行星探测经历了大起大落。现在的情况则好得多，全世界多个深空探测计划正在实施，探测器所探测到的地方遍布从水星到冥王星的整个太阳系。太空探索正在以自己的方式影响着全人类的世界观，它让我们意识到自己的渺小。在懂得谦卑的同时，我们更加清晰地认识到，未知的那些广袤无垠的空间，正是我们孜孜以求的目标所在。

航天事业是人类最高科技成就的象征之一。在过去的六十多年中，在火箭的推送下，人类将航天器送往太空；人造卫星和飞船把各种探测仪器送到遥远的天体上开展探测，相当于把科学家的眼睛、耳朵、手放到其他星球上，身临其境地探索，并了解它们的地形地貌、物质成分、表面环境和内部结构。太阳系中的所有主要天体上都留下了这些航天器的踪影。

走出地球，除了璀璨星河，我们还能得到什么呢？是人们津津乐道的那些科幻场景，还是能够追求未知的更多乐趣？宇宙中是否有我们的同类？地球和人类未来的命运会怎样？

这些都是我们走向深空的动力！

航天的使命

清醒认识我们在宇宙中的处境，掌握自然规律，是人类把握未来命运的唯一途径。探索未知是人类的天性，也是航天的使命。这种面对未知、认识未知、挑战未知的精神，吸引了一代又一代的年轻人前赴后继、努力探索。这种探索和挑战精神，是人类文明蓬勃发展、生生不息的动力。

天文和航天技术是人类了解宇宙的重要手段。借助火箭的力量，航天器脱离地球的引力，远距离飞越行星际空间，实现了对遥远天体的飞越、环绕、着陆探测，甚至在天体表面开展巡视探测和采样返回任务。这被称为深空探测。

2016 年以来，媒体平台上有两个十分火热的天体，一个是火星，一个是冥王星，这都有赖于深空探测的成就。科幻大片《火星救援》全球热映，让人开始畅想 20 年后人类登陆那颗红色行星的场景。2016 年 7 月，新视野号首次近距离飞越冥王星，这颗星球上观测到的山川峡谷和平原，都成了公众热烈追捧的话题。冥王星从我们原本一无所知的外太阳系天体，逐渐丰富成了一颗有"蓝天"、冰山、平原、撞击坑等丰富地貌，与太阳系其他天体存在"亲戚"关系的"邻居"天体。

同样借助火箭的力量，我们把大型望远镜送入太空，使其在几乎不受大气扰动影响的真空中，观测遥远的星云、星系和恒星等，让人类看得更远、更清楚，哈勃太空望远镜、詹姆斯·韦伯太空望远镜、斯皮策太空望远镜、开普勒太空望远镜等是其中的代表。这种观测方式被称为空间天文观测。由于天文现象的复杂性，需要进行多波段观测，根据观测波段的不同，空间天文观测可以分为高能（X 射线、γ 射线、高能粒子辐射）、光学（紫外、可见光、红外）、射电等观测波段，且正在向全波段天文学方向发展。中国科学院空间科学先导专项的首颗卫星——暗物质粒子探测卫星就是工作在高能波段的天文卫星，也是中国第一颗空间天文卫星。

说到暗物质，不得不说到现代天文学的主要使命，这一使命被形象地概括为"两暗、一黑、三起源"。"两暗"指的是暗物质和暗能量,"一黑"指的是黑洞,"三起源"指的是宇宙起源、天体起源和生命起源。

从宏观尺度而言,宇宙正在不断膨胀。根据宇宙中星光的红移效应,可以证实我们的宇宙正在加速膨胀。根据宇宙的膨胀速度,我们可以推测出宇宙的物质和能量组成:其中,暗能量约占73%,这相当于一个宇宙常数,是宇宙加速膨胀的一股神秘力量。暗物质约占23%,这种神秘物质围绕着星系运动,通过引力作用展示其存在,但不参与其他电磁作用。而我们常见的普通物质,即由质子、中子和电子组成的物质,包括所有的恒星、行星、气体、尘埃和人造物体,约占4%(这一比例只是大致估算,并非固定不变)。此外,还有0.1%的中微子和反中微子,以及约0.008%的光子。因此,宇宙中96%的物质和能量居然是不可见的,被称为"沉默的大多数"。

链接

红移

物体的光或者其他电磁辐射,由于运动、引力效应等被拉伸而使波长变长、频率降低。因为红光的频率比蓝光的低,所以这种拉伸对光学波段光谱特征的影响是将它们移向光谱的红端,这种现象称为红移。

我们为什么要探索黑洞、暗物质、暗能量这些离日常生活十分遥远的东西呢？黑洞、暗物质、暗能量很受人们关注，外星人更是长期占据公众最关心的科学话题榜首。很多人并没有学过天文，也不是天文爱好者，但依然对这些问题抱有天然的兴趣。在科普报告中，我经常问现场听众，是不是有外星人？如果有的话，外星人长什么样？几乎所有人都对这些问题有浓厚的兴趣。根据互联网统计，有关新视野号飞越冥王星的新闻报道，在中文世界中的网络点击量超过 1 亿多人次，而冥王星之所以引起普通人的兴趣，恰恰在于它被长久隐匿在寒冷、黑暗、遥远的深空中，不为人所知。这种神秘面纱的揭示过程，带给我们无限的惊喜，满足了人类的好奇心。

航天事业的使命主要包括以下三个方面：对未知世界的探索，获得大量新发现，拓展人类的知识疆界，极大地满足人类的好奇天性，并写进教科书传授给下一代，让未来一代站在我们的肩膀上看得更远；对未知世界和未知领域的探索具有很大的不确定性，探索过程往往十分艰难，一旦突破，将显著提升人类的技术能力，为人类走向更高的文明阶段奠定重要基础；航天技术与国家安全息息相关，将此技术向民用领域转化，可以使其转变为实实在在的经济利益，造福民众。

第 3 章

太空探索的理论基础

太空探索的本质是鼓励创新、鼓励探索，使人类在认识宇宙的过程中用科学武装自己；探索太空的过程允许冒险，允许失败，让人类的好奇心得到充分释放。浩瀚的宇宙，壮丽的星空，让人类的目光更加深邃，心灵更加宁静，道德更加合乎规范，为人处世更加谦和。

太空探索的手段与方法

航天工程的组成

开展航天活动，我们需建立相应的技术系统。执行任何一次航天任务，都不是只靠航天器本身就能完成的，虽然，航天器是完成一项航天活动的主要载体。一次航天任务的执行必须依靠若干大系统的相互配合、相互支持，才能达到预定目标。

一般来说，为完成一项航天任务，首先要成立一个工程大系统，主要包括航天器系统（深空探测中也叫探测器系统）、运载火箭系统、发射场系统、地面测控系统、地面或空间应用系统、地面着陆和回收系统等。根据任务目标的不同，航天工程的系统组成也有所差异。

（1）航天器系统

航天器也叫空间飞行器。它携带各类有效载荷，在太空中运行，完成相应的探测任务。

（2）运载火箭系统

运载火箭也叫运载工具，是将人造地球卫星、载人飞船和空间探测器等航天器送入预定轨道的工具，它通常由多级火箭组成，当护送航天器到达所需的位置并达到一定的速度后，即与航天器分离。

（3）发射场系统

发射场是发射航天器的场所。发射场的基本任务是为运载火箭、航天器提供满足技术要求的转运、总装、测试等设施；为航天器发射提供全套地面设施；组织、指挥、实施测试、发射及飞行上升段的指挥、调度、监控、显示和通信；完成运载火箭上升段的跟踪测量和完全控制；地面测控系统提供有关参数和图像；提供发射区的后勤服务保障；等等。

（4）地面测控系统

航天器发射升空后，地面要随时了解它的各种信息，并向它发出各种指令。测量和控制航天器的飞行参数，由地面测控系统完成。

地面测控系统，简称测控系统，是主要对运载火箭和航天器进行跟踪测轨、接收和处理遥测信号，以及发送遥测信号的综合网络系统。

无线电通信是测控系统的基础。由于地球表面是一个近似于球面的曲面，在航天器环绕地球飞行的过程中，任何一个单独的地面站都无法实现对运载火箭和航天器的全航程观测。为此，必须将多个地面站分布在地球上的不同地区，"接力"跟踪观测，才能完成全航程测控任务。这就是地面测控网。

地面测控网由多个测控站、测控中心和通信系统组成。测控站，也叫地面站，主要负责跟踪和测量运载火箭和航天器的轨道、接收遥测信号、发送遥控指令，并向航天器注入数据。测控中心，也叫航天指挥中心，主要负责对各测控站进行任务管理，汇集测量数据，进行分析处理和信息生成，并向各测控站发送时间统一信号，即时统信号。测控中心从发射场获取发射进程信息，接受发射场的统一任务调度。通信系统完成测控中心与各测控站、发

射场、航天器着陆回收场之间的数据、图像和语音传输。通信系
统采用有线、无线和卫星通信等多种手段，实现通信保障。

深空网也叫深空探测网，是专门为深空探测任务提供测控服
务的。由于深空探测器远离地球，信号弱，若没有专门的深空网，
探测器采集到的数据、拍摄的照片就无法传送回来。深空网有专
用的无线电频率、大功率的收发天线和特殊的信息处理系统。美
国的深空网规模最大，俄罗斯也有自己的深空网，中国正在积极
建设自己的深空网。

（5）应用系统

应用系统包括地面应用系统和空间应用系统。其中，前者负
责接收航天器获得的探测信息，并加以解译、处理、判读和分析，
获得最终所需要的应用信息。例如，在探月工程中航天器上的望

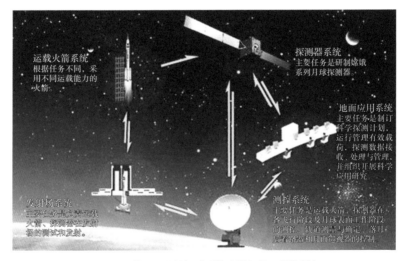

图 3-1　航天工程的组成系统（以探月工程为例）

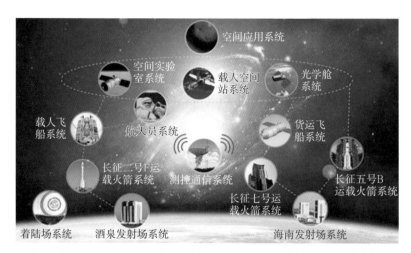

图 3-2 载人航天工程的系统组成。其中，长征二号 F 运载火箭用于发射神舟系列载人飞船，将航天员送入太空。长征七号运载火箭用于发射天舟系列货运飞船，用于空间站物资补给。长征五号 B 运载火箭用于发射中国空间站天和核心舱（来源：中国载人航天官网）

远镜接收到的观测数据，月面着陆器获得的各种月球探测数据，都由地面应用系统接收、汇集和处理，并向科学界公开发布。

在载人航天工程中，科学应用主要在天上进行，空间应用系统负责遴选在太空中开展的实验项目，研制实验设备、支持空间站上的科学研究。

航天器的分类

半个多世纪以来，人类研制的各类航天器琳琅满目。它们各有各的特征，各有各的用途。航天器一般可分为两大类：无人航天器和载人航天器。根据用途的不同，又可进一步分为多个子类。

　　在航天事业的早期，深空探测的失败率较高，探测器一般成对生产，如旅行者 1 号和旅行者 2 号、海盗 1 号和海盗 2 号等。中国的嫦娥一号和嫦娥二号、嫦娥三号和嫦娥四号，也属于这种类型。这种成对生产的方式，可以显著降低研制成本。随着航天技术的成熟和商业应用的发展，有些航天器已经实现批量化生产，如 SpaceX 的星链系列卫星、中国的北斗三号系列导航卫星和神舟系列载人飞船等。

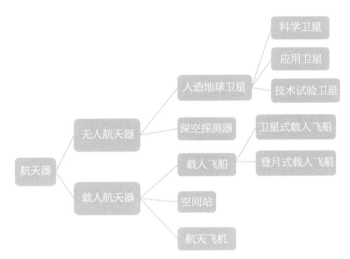

图 3-3　航天器的分类（这种分类并不是固定不变的）

太空探索的主要特征

从航天飞机退役到发展新型载人飞船，从国际空间站延伸到载人重返月球，从月球、火星、木星等深空探测任务，到发射太空望远镜探索太阳系外的世界，太空探索历经半个多世纪的发展后仍然充满朝气，并继续高速前进。美国、俄罗斯、欧盟、中国、日本、印度等都在太空探索领域投入巨资。在这个看似没有直接经济产出的领域，这些国家或组织为何舍得投入大量的物力、人力？太空探索的目的是什么？想要回答这个问题，就要从太空探索的主要特征说起。

特征一：高投入、高风险、高回报

所谓高投入，即一项太空任务往往需要投入上亿甚至数十、数百亿元的经费。20世纪六七十年代，美国阿波罗载人登月计划共有约120所大学、2万家公司、400多万人参加，投入资金高达250亿美元，折算到现在约2000亿美元。执行火星科学考察任务的好奇号火星车，耗资约25亿美元。美国国家航空航天局（NASA）近年来每年的预算支出稳定在180亿美元左右，即使在2008年金融危机中，虽然总经费缩减了10亿美元，但其占政府支出的比例，反而由1%增加到了1.4%。宏伟的太空计划不仅可以创造数十万个就业机会，还可以带动一大批新兴产业的发展。对于基础设施已经比较完善的发达国家来说，高科技行业永远是政府投入的主要方向。

所谓高风险，是指太空探索从来都与失败相伴相随，屡败屡战的精神是太空探索的应有之义。1986年，挑战者号航天飞机升空不久后爆炸，7名航天员不幸全部遇难。2003年，哥伦比亚号航天飞机在着陆前坠毁，7名航天员也不幸全部遇难。失去14位最优秀的航天员，无论对哪个国家来说，都是难以承受的重大损失。日本在太空探索领域也是连连失败，先是火箭故障不断，隼鸟号小行星探测器发射后多次出现意外，历经7年的抢救才最终采样返回地球；原计划实施的 Lunar-A 月球穿透器任务，由于航天器上的电子元器件难以经受高速撞击，一直被搁置，历经10年才得以攻克，但由于航天器已经老化，任务被迫取消；拂晓号首次金星探测任务，未能进入环绕金星的轨道，宣告失败。

所谓高回报，是指太空探索是技术高度集成、系统高度复杂的大型科技工程，环境严酷、距离遥远、通信困难、操作复杂，一系列困难不断挑战技术能力的极限。正因为如此，太空探索往往可以起到以点带面的效果，一个技术突破点就可以创造一个新领域，乃至催生新的产业。根据2005年美国太空基金会的独立评估报告，美国国家航空航天局每年对经济的贡献约为1800亿美元，其中60%来自太空技术公司创造的商品和服务，每1美元的投入，大约能产生10美元的收益。例如，卫星通信技术不仅用于广播、网络，还能支持远程医疗、导航定位、气象预报和国防等。2002年，华盛顿大学的研究表明，美国国家航空航天局为执行太空任务，与相关公司签订的研究合同，使这些公司将技术转化成商品出售，产生的回报更为惊人。调查表明，15家相关企业只获得美国国家航空航天局640万美元的研发合同，但相关的经济效益却高达 15 亿美元。

　　太空探索的高回报不仅体现在经济效益上，还体现在社会效益上。太空探索拥有强大的群众基础。自 20 世纪 50 年代开启航天时代以来，美国历届政府都很重视太空探索。另外，载人登月、火星探索等宏大的太空计划能收到凝聚人心的效果。因此，宣布新的太空计划的时机，往往是经过精心考虑的。

　　特征二：跨国界、科学无边界

　　与此同时，太空探索也是国际合作的重要领域。以科学为目的的太空探索是全人类共同的事业。由于耗资巨大，一国往往难以独立承担，经费成为制约太空探索发展的主要因素。通过多国合作，可以分担经费。此外，太空探索面临的技术挑战，往往需要通过国际合作，发挥各自的技术优势加以应对。由美国、俄罗斯、欧洲航天局等合作建设的国际空间站，就是太空探索国际合作的典型案例。

　　冷战时期的太空探索是美国和苏联两个超级大国在太空领域的竞争，这种竞争具有鲜明的民族主义特征和政治目的。如今，由于太空探索具有明显的社会和经济效益，已经演变成由科技创新所驱动。对未知世界的探索，对地外资源的开发，正在主导太空探索的未来方向。在不远的将来，科技创新所带来的社会利益和经济利益将在太空探索中发挥越来越显著的作用。

太空探索的主要历程

从 1957 年苏联发射第一颗人造地球卫星以来，在半个多世纪的航天活动中，人类已经发射了许许多多的航天器，其中有些至今仍留在轨道上。接下来，让我们一起回到过去，了解人类探索太空的主要历程吧。

第一颗人造地球卫星

1957 年 10 月 4 日，在苏联境内哈萨克斯坦荒漠中一个小角落里，一枚火箭，顶着一颗直径只有 58 厘米的铝制圆球，奇迹般地进入了太空。这个圆球是人类发射的第一颗人造地球卫星——人造地球卫星 1 号。人造地球卫星的俄语为 СПУТНИК，读音为"斯普特尼克"，因此人造地球卫星 1 号有时也被称为"斯普特尼克 1 号"。这颗卫星的质量是 83.6 千克，配备了一个化学电池、一支温度计、一台双频率的小型发报机和 4 根鞭状天线。尽管这颗卫星在太空中只逗留了 3 个月，但它却推

图 3-4　人造地球卫星 1 号

动了整个人类的航天事业，具有划时代的意义。人造地球卫星1号标志着人类航天活动的开端，由此开启了飞出地球、挺进太空的航天时代。

第一次载人飞行

1961 年 4 月 12 日，苏联在实施了 9 次无人飞船试验后，东方号运载火箭"托举"着东方 1 号宇宙飞船飞向太空，飞船载着27 岁的空军少校尤里·加加林，进行了 108 分钟的环绕地球的旅行。这是人类历史上首次载人航天飞行，加加林成为进入太空第一人，标志着载人航天新时代的到来。

图 3-5　东方 1 号宇宙飞船

第一次载人登月

　　1969 年 7 月 20 日，美国航天员阿姆斯特朗、奥尔德林乘坐阿波罗 11 号飞船登上了月球。阿姆斯特朗在月球上踩下人类的第一个足印时，曾由衷地慨叹："这是我个人的一小步，却是人类的一大步。"此后，美国又进行了 6 次载人登月任务，其中除了阿波罗 13 号任务因飞船故障，未能登月而直接返回外，其余 5 次均获得了成功。6 次载人登月任务共有 12 名航天员登上月球（每次登月任务均由 3 名航天员组成乘组，其中两人登陆月球表面，另一人在月球上空的轨道舱等候。所以，实际上到过月球的航天员共18 人，但只有 12 人登月），开展了大量科学研究和技术试验，共带回 381.7 千克月球岩石和土壤样品，为研究月球的形成和演化历史提供了第一手实物样品。阿波罗计划的成功，促进了美国乃至全球的科技发展，产生了巨大的社会和经济效益，该计划本身也成为人类历史上规模最大的航天工程项目。

图 3-6　阿波罗 11 号登月舱和人类在月球表面留下的第一个足印

第一个空间站

1971 年 4 月 19 日，苏联成功发射了世界上第一个试验性载人空间站——礼炮 1 号空间站。载人航天活动从小规模、短时间的太空飞行，进入规模较大、飞行时间较长的空间应用探索与试验阶段。礼炮 1 号空间站由轨道舱、服务舱和对接舱组成，呈不规则的圆柱形，总长约 12.5 米，最大直径 4 米，总质量约 18.5 吨。它在 200 多千米高的轨道上运行，装有各种试验设备，如照相摄影设备和科学实验设备。礼炮 1 号空间站与联盟号载人飞船对接组成居住舱，容积约为 100 立方米，可供 6 名航天员居住和生活。1971 年，礼炮 1 号空间站相继与联盟 10 号、联盟 11 号两艘飞船对接，组成轨道联合体。每艘飞船载有 3 名航天员，在空间站上共停留了 26 天。礼炮 1 号空间站在太空中成功运行 6 个月，完成使命后，于 1971 年 10 月 11 日坠毁在太平洋上。

图 3-7　礼炮 1 号空间站

第一次空间交会对接

1966 年 3 月 16 日，双子星座 8 号载人飞船与阿金纳目标飞行器在太空中完成人类首次手动交会对接任务，飞船上的航天员为阿姆斯特朗和斯科特。

1975 年 7 月，苏联的联盟 19 号飞船和美国的阿波罗号飞船，在太空中成功交会对接，进行联合飞行，共同执行两国宇宙开发合作计划。通过电视转播，全世界数以亿计的观众目睹了两位太空使者相拥的历史画面。当对接舱的舱门打开之后，联盟 19 号飞船的航天员列昂诺夫和阿波罗号飞船的航天员斯坦福德热烈握手，列昂诺夫用英语对斯坦福德说："很高兴见到你。"在当时冷战背景下，这次被称作"太空握手"的交会对接，是非常难得的。

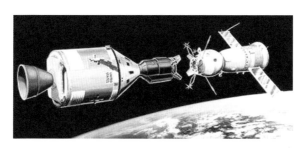

图 3-8　苏联联盟 19 号飞船和美国阿波罗号飞船空间交会对接示意图

第一次航天飞机飞行

1981 年 4 月 12 日，正值世界首位航天员加加林进入太空 20 周年纪念日，美国发射了可以重复使用的太空运载工具——哥伦比亚号航天飞机。在万众瞩目中，哥伦比亚号遨游太空 54.5 小时后安全着陆。航天飞机不同于载人飞船，它具有可重复使用、像飞机一样水平着陆等特点。哥伦比亚号航天飞机的首飞成功，使载人航天进入新阶段，更多的航天员得以进入太空，开展科学实

图 3-9　哥伦比亚号航天飞机

验。航天飞机还携带和施放过各种卫星、太空探测器，著名的哈
勃太空望远镜就是由航天飞机送上太空的。

第一个长期在轨的空间站

　　1986 年 2 月，苏联发射了人类第一个长期工作在地球轨道的
空间站——和平号空间站。和平号空间站经多次空间交会对接、
组装后逐步完善，先后与进步号货运飞船、量子号和晶体号专用
公用舱对接，组成轨道联合体。和平号空间站全长 32.9 米，体
积约 400 立方米，质量约 137 吨，其中科研仪器约 11.5 吨。它在
350 ～ 450 千米高度的地球轨道上飞行，环绕地球一周约 90 分钟。
和平号空间站由工作舱、过渡舱和服务舱三部分组成，共有 6 个
对接口，其中两个对接口位于轴线的两端，用来与载人飞船和货
运飞船对接。这 6 个对接口可在互不干扰的情况下接待 6 艘飞船，
其中有的飞船的质量甚至比和平号空间站本身的质量还要大几倍，
从而形成巨大的空间轨道联合体。与和平号空间站对接过的主要

科研舱体有：进行天体物理观测的量子 1 号舱、进行对地观测和测试新型舱外活动装置的量子 2 号舱、进行微重力科学与应用试验的晶体号舱、用于地球大气层研究的光谱号舱，以及进行陆地、海洋与大气环境研究的自然号舱。从 1995 年到 1998 年，和平号空间站与美国航天飞机共进行了 8 次交会对接飞行。

　　和平号空间站的设计寿命为 3 年，却在太空中飞行了整整 15 年！创造了在太空工作时间最长、超期服役时间最长、工作效率最高、接待各国航天员最多等多项载人航天史上的纪录。据统计，15 年来，和平号空间站共绕地球飞行 8 万多圈，行程 35 亿千米，先后与 31 艘联盟号载人飞船、62 艘进步号货运飞船交会对接。在和平号空间站上，航天员进行了 78 次太空行走，在舱外逗留的

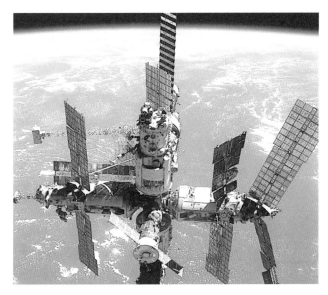

图 3-10　和平号空间站

总时长达 359 小时 12 分钟。先后有 28 个长期考察组和 16 个短期考察组访问和平号空间站，包括俄罗斯、美国、英国、法国、德国、日本、叙利亚、保加利亚、阿富汗、奥地利、加拿大、斯洛伐克共 12 个国家的 135 名航天员，曾在空间站上工作。这些航天员共进行了 1.65 万次科学实验，其中包括 23 项国际科学考察计划，获得了大量数据和具有重大应用价值的研究成果。航天员们还拍摄了许多恒星、行星的照片，进行了基本粒子和宇宙射线的探测，大大扩展了人类对宇宙的认识。他们还探索了太空预报地震、火山爆发、水灾及其他自然灾害的可能性。航天员在太空生活的经验，对长期星际飞行的医学保障进行了探索。

第一个国际空间站

1998 年，俄罗斯将国际空间站的功能舱"曙光号"发射入轨，标志着这个由 16 个国家参与的国际太空合作项目正式启动。尽管在实施过程中遇到了种种困难，但国际空间站仍然是人类和平利用太空和国际合作的一个典范。

国际空间站的设想最早是由美国总统里根在 1983 年提出，经过十年的探索和多次重新设计，直到苏联解体后俄罗斯加入，才于 1993 年完成设计，开始实施。国际空间站的研制以美国、俄罗斯为首，包括加拿大、日本、巴西，以及欧洲航天局所属的 11 个成员国，共 16 个国家参与。国际空间站的设计寿命为 10 ～ 15 年，总质量约 423 吨、长 108 米、宽 88 米（含翼展），运行轨道高度为 397 千米，舱内大气压与地球表面相同，同时可供 6 名航天员

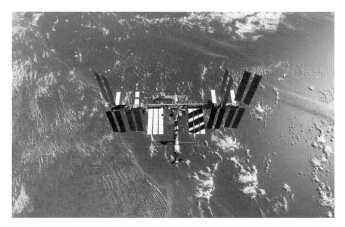

图 3-11　国际空间站

工作和生活。

　　在组装阶段，国际空间站的主要设施由俄罗斯的质子号火箭、欧洲航天局的阿里安 5 号火箭，以及美国的航天飞机发射运送。组装完成后，运输工作交由美国的航天飞机、俄罗斯的联盟号-TM 系列飞船和进步号货运飞船完成。

　　作为科学研究和开发太空资源的手段，2011 年，国际空间站组装完成，为人类提供了一个可以长期在太空中进行对地观测和天文观测的平台，并成为开展生命科学研究，新材料、新药研发，微重力研究等的太空实验室。

第一个飞出日球层的探测器

　　2003 年，美国国家航空航天局宣布，首个飞出日球层的探测器先驱者 10 号，经过 31 年的长途旅行后，已经同地球失去了联系。

2003 年 2 月 7 日，美国国家航空航天局最后一次尝试与先驱者 10 号联系，但没有得到任何有价值的信息，只能停止联络。此前的一次联络是在当年的 1 月 22 日，当时，地面控制人员收到了先驱者 10 号发回的清晰信号。那时，先驱者 10 号距离地球约 122 亿千米，从飞船发出的信号历时 11 小时 20 分钟，才到达地球。

先驱者 10 号于 1972 年 3 月 2 日发射升空，原定设计寿命只有 21 个月，但实际寿命长达 25 年，远远超出了人们的预期。直到 1997 年 3 月底，科学家才正式结束先驱者 10 号的科学考察计划，宣告它正式"退役"。

2005 年 5 月 25 日，美国国家航空航天局宣布，1977 年 9 月 5 日发射的旅行者 1 号飞船经过漫长的旅行，已飞出了太阳风的激波边界，即将成为被其他恒星发出的星风控制的航天器。截至 2020 年 4 月，经过近 45 年的飞行后，旅行者 1 号目前距离我们约 233 亿千米，相当于日地距离的 155 倍左右，是离我们最远的人造航天器。

太空探索的失败案例

太空探索之路从来都不是坦途，而是充满着艰难险阻：

1971 年 6 月，苏联的联盟 11 号载人飞船在返回地球时，由于返回舱的气压阀失效，3 名航天员因窒息而全部遇难。

1986 年 1 月，美国挑战者号航天飞机在起飞后 72 秒发生爆炸，7 名航天员壮志未酬，献身蓝天。

2003 年 2 月，美国哥伦比亚号航天飞机在即将完成它的第 28

图 3-12 先驱者 10 号（上）和旅行者 1 号（下）

次飞行任务的返程途中，突然在空中解体，原计划再过 16 分钟就能踏上地球的 7 名航天员全部遇难。

2003 年 8 月，巴西第三枚 VLS 型卫星运载火箭在发射前的最后检测中爆炸，使其航天梦遭受重创⋯⋯

在人类征服太空的征程中，类似的失败案例还有很多。但人类探索的脚步并没有因此停歇，而是从失败中吸取教训，继续前行。收获大喜，也历尽大悲。在悲喜交加的太空旅程中，人类一点一滴地感悟着"科学"二字那沉甸甸的分量。

航天与航空的区别

在实际生活中，甚至很多媒体报道中，很多人都还分不清航空和航天的区别。在科学门类或产业划分中，常常把航空和航天放在一起，例如北京航空航天大学、美国国家航空航天局等学校、机构的名称。这些也在提醒我们，航空和航天具有很近的亲缘关系。但事实上，航天不同于航空。航空是指人类在地球大气层中的飞行活动，航天则指在地球大气层以外的宇宙空间开展的活动。航空的发展先于航天，最初研制火箭发动机的目的，是为了让飞机飞得更快一些。随着技术的发展，航天和航空之间的差异才逐渐明显起来。

根据《中国大百科全书·航空航天卷》的定义，"航天"是指"载人或不载人航天器在太空的航行活动"。广义地说，"航天"是指人类探索、开发和利用太空（包括地球以外的天体）的活动；狭义地说，航天是一门技术，是用于探索、开发和利用太空的技术。

按不同的分类标准，航天活动可分为不同的领域：

　　按活动主体，航天活动分为人造地球卫星、载人航天和空间站、月球与深空探测。人造地球卫星一般包括应用卫星和科学技术试验卫星两类，它们围绕地球，运行在高度一百多千米到几万千米的轨道上。载人航天和空间站是指有人参与的飞船、空间站或航天飞机等飞行活动。月球与深空探测是指航天器飞离地球进入由其他天体引力控制的轨道上的航天活动，例如月球探测、火星探测等。

　　按活动性质，航天活动分为空间技术、空间应用和空间科学。空间技术主要是指以验证航天技术为主的航天活动，如技术试验卫星任务；空间应用主要是指利用航天器直接服务于人类的生产和生活的航天活动，典型航天器代表为通信卫星、遥感卫星、气象卫星等；空间科学是指利用航天技术开展科学研究，如悟空号暗物质粒子探测卫星、墨子号量子科学实验卫星等任务。

太空飞行的理论基础

　　航天器在太空中飞行需遵循一定的物理规律，这是太空飞行的理论基础。如果我们把地球看成一个均质的球体，那么它的引力场就是一种中心力场，其质量中心（质心）就是它的引力中心。

开普勒行星运动三定律

1609 年，德国天文学家开普勒在他的著作《新天文学》中，提出了关于行星运动的两条定律。开普勒第一定律：行星沿着各自的椭圆轨道环绕太阳运行，而太阳位于椭圆的一个焦点上。开普勒第二定律：一颗行星在椭圆轨道上运行时，它和太阳的连线在相同时间内扫过的面积相等。

1618 年，开普勒又发现了关于行星运动的第三条定律，即开普勒第三定律：行星绕日一圈所需时间的平方，与行星到太阳的平均距离的立方成正比。

行星运动必定遵循开普勒阐明的三条定律，所以后人尊称他为"天空立法者"。不过，这三条定律都是根据观测数据分析得到的，属于经验定律。开普勒当时并不明白，行星为什么会这样运动。

万有引力定律

半个多世纪后，英国科学家牛顿在研究开普勒行星运动三条定律的基础上得出了"万有引力定律"。原来，行星之所以像开普勒描述的那样绕着太阳运动，是因为太阳和行星之间的万有引力在起作用。

万有引力定律指出，任何有质量的两个物体之间，都存在着引力作用；引力的大小与两个物体的质量成正比，而与两个物体间距离的平方成反比。航天器的运动，受有关天体引力作用的影响，遵循牛顿第二运动定律和万有引力定律。这是开普勒行星运动三定律背后的力学基础。尽管开普勒定律是通过分析行星绕太阳的轨道运动得到的，但它也适用于宇宙中任意二体系统的运动，如地球和月球、地球和人造地球卫星等。

牛顿运动三定律

1687 年，牛顿在《自然哲学的数学原理》一书中，总结出三大运动定律。牛顿第一定律说明了力的含义：在不受外力作用的情况下，运动物体会保持匀速直线运动，而静止物体会保持静止状态。也就是说，力是改变物体运动状态的原因。例如，静止的航天器不会自发地开始运动，必须用力先推它一下或拉它一下。反过来，运动中的航天器也不会自发地停止运动，或减速、加速、改变方向。改变航天器的运动状态，需要用力推它或拉它一把。

链接

为什么航天器无需燃料即可保持飞行速度？

我们可以用牛顿第一定律对此作出解释。燃料为飞机飞行提供持续的力，以克服使飞机下降的重力和减速的外部空气阻力。而处在太空真空环境中的航天器，几乎不受空气阻力的影响。因此，达到预定的轨道速度后，航天器无需继续消耗燃料，即可保持这一速度。

　　牛顿第二定律指出了力的作用效果：力使物体获得加速度。同一物体受到的力越大，物体运动速度的改变（加速或减速）越快。要使不同质量的物体获得相同的加速度，大质量物体所需的作用力大于小质量物体。应用这一原理，工程师们就可以计算出改变航天器运动速度所需施加的力。

　　牛顿第三定律揭示了力的本质：力是物体间的相互作用。两个物体之间的作用力，都有一个与之大小相等而方向相反的作用力。换言之，一个物体在推动另一个物体运动时，必然会受到相反的作用力。火箭发射就是应用这一定律的典型案例。发动机工作时，喷出高速气体，给予火箭一个推力，使火箭加速。在飞行过程中，随着推进剂的消耗，火箭的质量不断减小，速度则不断增大。直到火箭达到进入预定轨道所需的初始速度后，发动机才会熄火。所以，火箭是靠发动机向后的推力产生向前的反作用力，而冲上云霄的。

图 3-13　火箭发射时，发动机中的氧化剂和还原剂进行剧烈反应，产生炽热气体并向后排出，推动火箭持续加速

宇宙速度

航天技术是在航空飞行的基础上，从 20 世纪 50 年代快速发展起来的，研究和开发利用太空的高新技术。航天技术的核心是各种航天器的设计、制造、发射和应用。时至今日，人类研制的航天器包括各种运载能力的火箭，功能各异的人造地球卫星、载人飞船、航天飞机，以及供人类在太空长期使用的空间站、飞往月球或其他星球的深空探测器。这些航天器的发射过程，都涉及一个重要内容——宇宙速度。

宇宙速度，是指物体克服地心引力的作用，离开地球，进入太空所需的速度。

第一宇宙速度。当航天器具有 7.9 千米 / 秒的速度时，它受到的离心力和地心引力平衡，成为环绕地球运行的卫星。第一宇宙速度也叫环绕速度。

第二宇宙速度。当航天器具有 11.2 千米 / 秒的速度时，它受到的离心力大于地心引力，因而脱离地球，飞向其他星球。第二宇宙速度也叫逃逸速度。

第三宇宙速度。当航天器具有 16.7 千米 / 秒的速度时，即可摆脱太阳引力对它的束缚而飞出太阳系，飞向其他的星系。

第四宇宙速度。当航天器具有可摆脱银河系对它的引力束缚而飞出银河系时，所具有的运行速度。由于我们目前尚

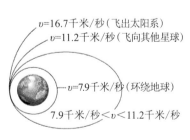

v=16.7千米/秒（飞出太阳系）
v=11.2千米/秒（飞向其他星球）
v=7.9千米/秒（环绕地球）
7.9千米/秒＜v＜11.2千米/秒

图 3–14　三个宇宙速度

未能准确计算银河系的质量，因此只能粗略估算出第四宇宙速度的大小在 110～120 千米 / 秒之间。实际上，目前的火箭技术还无法达到这个速度。

由此可见，航天器想去哪里，飞行速度是关键。而要达到这些飞行速度，火箭的运载能力是关键。

链接

第一宇宙速度和发射速度有什么不同？

航天器要想达到环绕地球的第一宇宙速度，就必须利用运载火箭加速进入太空才能获得。航天器一般用多级运载火箭发射。在发射过程中，航天器在火箭的推送下，逐渐加速。前期阶段，火箭在稠密的大气层中运行，为了减少与大气的摩擦，火箭一般垂直向上运行，且速度不宜过快（速度快，阻力就大，摩擦生热就多，易产生高温损坏火箭部件），远小于 7.9 千米 / 秒，随着火箭穿越大气层进入太空，飞行速度也逐步加快，待飞行速度达到环绕速度时，再将航天器按适当的方向施放出去。可见，发射过程中的火箭速度（即发射速度）不是某一固定值，当然也不是第一宇宙速度。

航天器飞行轨道

地球上的交通工具只有在各自的"道路"上行驶才安全。在太空中，航天器根据任务的不同，也要遵循一定的运行规则。在这些规则中，很重要的一条就是要在符合任务目标的预定轨道上飞行。

要使航天器在以地球为中心的引力场中作圆周运动，通俗地说，就是要使航天器受到的离心力，正好与地球对它的引力相平衡。这时，航天器飞行的水平速度叫"环绕速度"。反过来说，航天器只要达到环绕速度，就不需要再外加动力即可环绕地球飞行。这时，航天器的飞行轨迹被称为轨道。航天器的轨道平面经过地球中心。如果航天器的飞行速度比环绕速度稍大一些，就会形成椭圆形轨道，并产生近地点和远地点。如果达到"逃逸速度"则会形成抛物线轨道，那时它将绕太阳飞行，成为人造行星，或飞向其他星球，成为一个深空探测器；如果达到第三宇宙速度，则会形成双曲线轨道，航天器将像太阳一样绕银河系中心飞行了。若要飞出太阳系，进行星际旅行，就要达到这一速度。

根据飞行任务的需要，航天器飞行轨道可分为近地轨道、太阳同步轨道、地球同步轨道和行星际飞行轨道等。描述航天器轨道的主要参数包括轨道高度、轨道周期、轨道偏心率等。

近地轨道

在近地轨道上飞行的航天器，就像地球的孩子一样，与地球之间有着无形的"纽带"，在享受飞行的同时还受到地球引力的"制约"。在近地轨道飞行的航天器有地球遥感卫星、载人飞船等，它们的轨道高度一般在300千米至800千米，运行的轨迹大都是圆形。中国空间站就飞行在近地轨道上。

太阳同步轨道

为了更好地实现对地球的观测，充分利用太阳的能量，人们设计出了太阳同步轨道。太阳同步轨道绕地球自转轴旋转，方向和地球公转方向相同，旋转角速度等于地球公转的平均角速度（360°/年）。它距地面的高度一般不超过6000千米，是一种特殊的逆行轨道。在这条轨道上运行的卫星，经过地球上同一纬度地区的当地时间相同。举个例子，卫星每天中午12点经过北京上空，就可以排除光照变化对观测图像的影响。气象卫星、地球资源卫星一般都采用这种轨道。

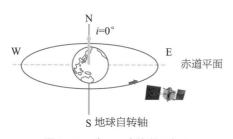

图 3-15 太阳同步轨道示意图

链接

如何判断航天器飞行轨道是顺行还是逆行？

轨道的顺行和逆行是以航天器飞行方向来区分的。从北极看，凡是航天器飞行方向和地球自转方向相同的轨道，就是顺行轨道，与此相反的叫逆行轨道。顺行轨道的倾角小于 90°，逆行轨道的倾角大于 90°。由于地球自西向东自转，从我国运载火箭的发射方向看，凡是向东北或东南方向发射的航天器，飞行方向与地球自转方向一致，形成的轨道将是顺行轨道，而向西北或西南方向发射的航天器，飞行方向与地球自转方向相反，将形成逆行轨道。

地球同步轨道

地球同步轨道是运行周期与地球自转周期相同、航天器运行方向与地球自转方向一致的轨道。其中有一种特殊的轨道，叫地球静止轨道。这种轨道与地球赤道平行，相当于地球赤道的扩展，位于赤道上空 35786 千米。在地面上的人看来，在这条轨道上运行的航天器是静止不动的。通信卫星、跟踪和数据中继卫星、气象卫星选用这种轨道比较有利。一般说来，地球同步轨道与地球赤道平面的倾角可大可小，这种轨道可以有无数条，但地球静止轨道只有唯一的一条。地球静止轨道的周长约为 265000 千米，但它的下方很大部分是海洋，还有一些地方是荒漠和无人区，而人口稠密区域上方的地球静止轨道长度有限。因此，这种轨道是稀缺资源。

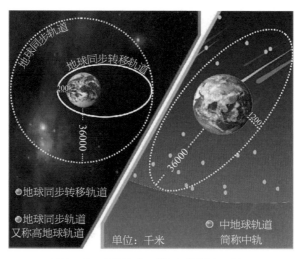

图 3-16　人造地球卫星运行轨道的示意图

行星际飞行轨道

为了近距离探测月球、火星、金星等天体，探测器必须从地球出发飞往这些天体。此时，要利用以地球为焦点的抛物线或双曲线轨道，来实现奔向其他天体的飞行，这种轨道称为行星际飞行轨道。

以月球探测器为例，探测器将沿抛物线轨道飞行，进入奔月轨道时的飞行速度要达到约 11.2 千米 / 秒。

实现行星飞行的航天器，除了受地球引力的作用外，还需考虑目标天体的引力作用，是一个典型的三体运动系统。基于开普勒行星运动三定律的二体运动理论已不完全适用，因此，行星际飞行轨道设计要比地球附近的航天器飞行轨道的设计复杂。

太空环境

在太空中飞行的航天器，要经受与地球表面完全不同的环境考验。这些环境因素与航天器相互影响、相互作用，这对航天器的设计、研制和运行产生了重要的影响。只有正确认识太空环境，了解其对航天器的作用，采取有效的防护措施，才能保证航天器在太空中正常运行。

主要环境因素

太阳发出的电磁辐射，包括波长极短的 γ 射线和 X 射线、紫外线，可见光到红外线的光学波段，以至微波到无线电波的整个电磁波谱。

目前，人类研制的航天器还没有飞出太阳系。因此，目前航天器经历的太空环境主要还是日地之间的环境和行星际环境。在这一环境中，影响航天器正常运行的因素有地球高层大气、地磁场、地球重力场、高能粒子（银河宇宙线、太阳宇宙线、地球辐射带）、等离子体（电离层、磁层等离子体、太阳风）太阳电磁辐射、微流星体、太空垃圾等。这些因素对航天器的材料、设计、密封等，都提出了很高的要求。

与人类生活的近地环境相比，太空环境是十分严酷的。这里是超高真空的，每立方厘米只有 0.1 个氢原子等物质。这里的温度极端，太阳光直接照射处温度极高，达 100℃以上，背向太阳处，温度则低到约零下 200℃。太空中的宇宙射线和各种高能粒子大都与太阳有关，对航天器的表面材料、元器件及电位等，也会产生显著影响。

高层大气对航天器的影响

从地球大气层到太空并没有明显的分界线，一些航天器的飞行轨道上仍有极为稀薄的气体，称为高层大气。

高层大气对航天器的影响，主要表现在两个方面：一是对航天器的飞行产生阻力，改变其轨道，使其轨道高度降低直至陨落；二是高层大气中的氧原子对航天器表面产生化学剥蚀作用。

氧原子是高层大气中最具活性的气体粒子之一。航天器以约 8 千米 / 秒的速度相对于氧原子飞行，相互间不断发生高速碰撞，产生氧化作用，剥蚀航天器表层的某些材料。剥蚀程度与高层大气中氧原子的分布密切相关。对在近地轨道长期运行的航天器，如空间站等，这种表面剥蚀效应会产生严重的后果。

高能粒子对航天器的辐射损伤

航天器在太空中飞行，那里并非是真正的"真空"，而是有很多高能粒子。来自银河系深处的银河宇宙射线、太阳爆发时产生的太阳宇宙射线、被地磁场捕获的辐射带电粒子，以及由于磁扰引起的磁层沉降粒子，共同构成了航天器要面对的高能粒子环境。

高能粒子会对航天器的材料、电子元器件、航天员及其他生物产生辐射损伤。辐射损伤主要包括两种方式：一种是电离作用，即被照射物质的原子吸收了入射粒子的能量而发生电离；另一种是原子的位移作用，即被照射物质中的原子，被高能粒子击中而产生位移，脱离它在晶格中原来的位置，造成晶格缺陷。辐射损伤会导致航天器上的各种材料、电子器件等性能变差甚至损坏。例如，在严重辐照后玻璃材料会变黑、变暗，胶卷变得模糊不清，生物体感到不舒服、患病甚至死亡，太阳能电池输出功率降低，电子器件性能衰退，等等。此外，太阳质子事件、沉降粒子的注入，还会使电离层中的电子浓度增加，对航天器通信、测控和导航造成严重干扰。

单粒子事件

你应该听说过，处于飞行状态的一架飞机与一只飞鸟相撞，不仅会造成飞鸟死亡，还会导致飞机损毁。太空中虽然没有飞鸟，却存在着高能粒子，例如质子。单粒子事件是航天器运行过程中很难预测的偶发性事件，是由于单个高能质子或重离子撞击航天器关键部位，导致微电子器件的状态发生改变，从而使航天器发生异常或故障。

单粒子事件威胁着大规模集成电路的微电子器件，引起电位状态的跳变，导致计算机程序混乱，航天器出现故障。在航天器设计中，一般通过增加冗余的方式来增加可靠性，以对抗此类事件。

等离子体对航天器的影响

在近地空间存在着大量的等离子体（由离子组成的物质，自然界中等离子体一般是电中性）。在地球的磁层外，存在着太阳风等离子体。在磁层中，还有电离层、等离子体层和等离子体片等，这些都是集中分布的等离子体区域。当航天器在这些区域中运行时，与等离子体的相互作用会导致航天器的充电和放电。当充电到一定程度时，产生的强电场可以击穿航天器材料或器件；放电产生的电磁辐射，则会干扰各种电子设备的正常工作。

太空垃圾和流星体对航天器的影响

航天器在太空中运行，有时会与两类不速之客发生碰撞，造成"车祸"。一类是天然存在的流星体，另一类是航天活动产生的太空垃圾，也叫空间碎片。它们高速运行，有极高的动能，一旦与航天器相撞，可能造成严重的后果。太空垃圾已成为当前航天界愈来愈关注的环境问题。

　　流星体在太阳引力的作用下，围绕太阳沿椭圆轨道运行，速度约为 45 千米 / 秒，地球围绕太阳运动的速度为 30 千米 / 秒，因此，流星体相对于地球的速度是两个速度的和或差，约为 15 ～ 75 千米 / 秒。成群出现的流星体称为流星群，它们疏密不等地分布在产生它们的母天体的轨道附近。

　　流星体和太空垃圾是航天器必须面对的"灾星"。它们与航天器碰撞的可能性，与航天器的大小和在轨停留时间成正比，航天器越大，碰撞的可能性越大；在轨停留时间越长，碰撞几率越大。一旦相撞，由于每克流星体具有的动能可以高达 2×10^5 焦，将对航天器的安全造成严重威胁。撞击对航天器造成的损害程度，取决于航天器的尺度、结构、形态、在轨停留时间，以及流星体和太空垃圾的特征。撞击可能会击穿高压舱和燃料箱，损坏助推器的喷口，剥落光学仪器、天线以及热防护的表面涂层，最后使航天器损坏甚至失效。

第 4 章

登天之梯

　　遨游广袤无垠的太空，探索神秘的未知世界，是人类千百年来一直不懈追求的梦想。

火箭的发展历史

　　遨游广袤无垠的太空，探索神秘的未知世界，是人类千百年来一直不懈追求的梦想。经过航天先驱们的不懈努力，终于在太空中留下了人类的足迹。苏联的加加林乘坐东方 1 号飞船，成为叩开太空之门的第一人；美国的阿姆斯特朗走出阿波罗 11 号飞船，在月球上留下了人类第一个足迹；苏联的列昂诺夫迈出上升 2 号飞船，完成了人类第一次太空行走；杨利伟乘坐我国自主研制的神舟五号飞船，实现了中华民族的飞天梦……不管以哪种方式"飞天"，航天器都是由火箭送入太空的，若没有火箭，这些太空壮举都是实现不了的。可见火箭是将人类送入太空、探索宇宙的天梯。

火箭的鼻祖

　　中国是火箭的故乡，与现代火箭的结构和原理基本相同的古代火箭，最早出现在我国南宋时期，并一直沿用到清代。这种火箭以火药为燃烧

图 4-1　古代火箭

剂，在密闭火药筒内燃烧，通过小孔将高温气流喷出，从而将火药的化学能有效地转变为动能，推动火箭升空。这类火箭看似简单，实际上是火箭发展史上了不起的发明。

据记载，中国明代就有个叫万户的人，他把 47 支名叫"飞龙"的冲天炮绑在椅子上，制成了"飞天椅"。然后他把自己捆在椅子上，手持两只大风筝，点燃冲天炮，试图乘坐"飞天椅"上天飞行。这次尝试让万户付出了生命的代价，但他却成为有记录以来，世界上第一个想要用火箭把人送上天的人，被公认为"航天始祖"。

宇宙航行第一公式

20 世纪初，俄国著名科学家齐奥尔科夫斯基推导出发射火箭必须遵循的"齐奥尔科夫斯基公式"，从理论上证明，利用多级火箭可以克服地球引力进入太空。因此，他被称为"航天理论奠基人"。他曾经说过："地球是人类的摇篮，但人类不会永远生活在摇篮里，而是会不断地争取生存世界和空间。开始，他们将小心翼翼地穿出大气层，然后，便去征服整个太阳系。"这段名言，不仅炽热地表达了人类挣脱地球引力束缚的梦想，科学地预见了人类征服太空的美好未来，也成为一代又一代的探索者奋勇前进的不懈动力。

图 4-2　齐奥尔科夫斯基

链接

宇宙航行第一公式——齐奥尔科夫斯基公式

1903 年，齐奥尔科夫斯基提出了被誉为"宇宙航行第一公式"的火箭方程。尽管当今世界航天技术迅猛发展，但其含义仍值得人们思索回味。

$$v = \omega \ln \frac{m_0}{m_k}$$

式中：v——速度增量，即单位时间内速度增加的量；

ω——气体喷流相对火箭的速度；

m_0——发动机开始工作时的火箭质量；

m_k——发动机结束工作时的火箭质量。

按此公式，可以在不考虑空气动力和地球引力的理想情况下，计算单级火箭从静止到推进剂耗尽获得的速度增量，通过多级火箭接力加速，就可以进入太空。利用该公式还可以估算出火箭需要携带的推进剂质量，以及发动机参数对理想速度的影响。

现代火箭的开拓者

世界各国的航空先驱们都为研制火箭付出了不懈的努力。20世纪20年代，美国火箭专家罗伯特·戈达德博士把航天理论与火箭技术相结合，提出火箭需达到 7.9 千米 / 秒的速度（第一宇宙速度）才能克服地球的引力。1926 年 3 月 16 日，戈达德成功研制并发射了世界上第一枚使用液氧和煤油为推进剂的火箭。从此，火箭技术的发展揭开了新的一页。戈达德一生获得了 218 项专利，几乎涉及液体火箭技术的各个主要领域，开创了液体火箭研制的先河，被誉为"美国火箭之父"。

图 4-3　罗伯特·戈达德

图 4-4　第一枚液体推进剂火箭

　　第二次世界大战期间，德国科学家沃纳·冯·布劳恩研发出第一款可堪重用的大型液体燃料火箭，代号 A4，即著名的"V-2"导弹。它打破了以往的火箭在载重、速度、高度、飞行距离等方面的多项纪录，并于 1942 年 10 月 3 日发射成功。"V-2"导弹是人类拥有的第一个向地球引力挑战的工具，标志着现代火箭的问世，由此揭开了现代火箭发展史的扉页。冯·布劳恩是 20 世纪液体燃料火箭技术和航天工程的

图 4-5　沃纳·冯·布劳恩

开创者和奠基人，被誉为"航天第一设计师"。

1957 年 10 月，苏联火箭和航天系统总设计师谢尔盖·科罗廖夫在 P-7 洲际弹道导弹的基础上，改造出卫星号运载火箭，将第一颗人造地球卫星送入太空，开创了人类航天活动的新纪元。

中国航天事业的杰出代表、"中国航天之父"钱学森先生，为我国的航天事业奉献了自己毕生的心血。1955 年，他突破重重阻力回到祖国，领导开展火箭和导弹的研制工作，为我国后来实现发射人造卫星、实施载人航天和探月工程等一系列航天活动的跨越式发展作出了重要贡献，奠定了中国成为世界航天大国的基础。

图 4-6　谢尔盖·科罗廖夫

图 4-7　钱学森

火箭的结构

　　火箭的结构包括箭体结构、推进系统和飞行控制系统等。其中，箭体结构的作用是装载火箭的所有部件，使之成为一个整体；推进系统是火箭飞行的动力源；发动机是火箭推进系统的核心，包括主动力系统和辅助动力设备。控制系统的任务是使火箭按预定轨道飞行。控制系统是火箭的"智能"部分，由制导、姿态控制与供配电系统组成。火箭所要运送的物体叫有效载荷，一般装在末级火箭的顶端。

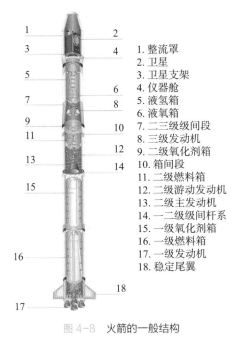

1. 整流罩
2. 卫星
3. 卫星支架
4. 仪器舱
5. 液氢箱
6. 液氧箱
7. 二三级级间段
8. 三级发动机
9. 二级氧化剂箱
10. 箱间段
11. 二级燃料箱
12. 二级游动发动机
13. 二级主发动机
14. 一二级级间杆系
15. 一级氧化剂箱
16. 一级燃料箱
17. 一级发动机
18. 稳定尾翼

图 4-8　火箭的一般结构

火箭的组成

　　在火箭运输、发射和飞行过程中，箭体结构承受各种外力，保护箭内仪器。它具有流线型外壳，使火箭具有良好的空气动力外形和飞行性能。箭体结构通常由有效载荷舱、整流罩、仪器舱、氧化剂贮箱、燃料贮箱、级

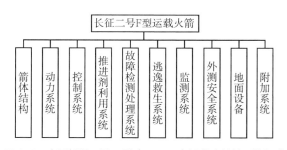

图 4-9 中国长征二号 F 型（CZ-2F）运载火箭的系统组成

间段、发动机推力机构、尾舱和分离机构等组成。

如前所述，火箭是通过向下喷出的气流产生的反作用力，来克服地球引力向上升起的。理论和实践都证明，用火箭发射人造地球卫星，必须把卫星加速到第一宇宙速度。按照现代火箭发动机的性能和结构，目前单级火箭所能达到的飞行速度，都不超过6 千米 / 秒。因此，时至今日，世界上还没有任何国家能用单级火箭把航天器送入太空。事实上，各国均采用 2 ～ 4 级独立推进的火箭，组成运载火箭，以"接力"的方式不断加速，从而飞向太空。多级火箭有三种组合形式：串联、并联和混合式。如同电路一样，串联式火箭结构紧凑，气动阻力小，发射设备简单；并联式火箭（即捆绑式）发射时，所有的发动机可同时点火，推力大，但发射设备复杂，费用高。同时使用串联和并联的混合式火箭，兼有上述两种方式的优点和缺点，目前使用广泛。

火箭为什么要分级

我们见到的运载火箭都要分级，有的分成两级，有的分成三级，有的还要再增加助推级。只用一级火箭不可以吗？我们先来看一个例子，说明火箭要发射的有效载荷相对整个火箭来说是多么"渺小"。对发射到高轨道的航天器来说，如果装满了燃料的火箭加上有效载荷的总质量是 100 千克，这样的火箭只能把质量是 1 千克的有效载荷送入太空，要消耗 90 千克的燃料，而同时火箭本身的结构为 9 千克。如果运送 1 吨的卫星，当火箭加满燃料，竖立在发射台上时，其质量达到了惊人的 100 吨！

因此，火箭设计师想方设法寻找降低火箭结构质量的办法，只要结构质量减少 1%，那么原来占 1% 的有效载荷质量就变成了 2%，质量翻了一番！通常火箭设计师会尽量去除不需要的部分，减少结构的质量。但是还有一种更好的办法，就是把原来很大的贮箱变成多个小一些的贮箱，当某一个贮箱里的燃料消耗完后，就把这个小贮箱扔掉，因为它已经没有用了，这就是火箭分级的由来。每个小贮箱都是独立的一级箭体，每一级箭体都有自己的发动机，把这些箭体连接起来，就是我们现在看到的火箭了。

分级的火箭能够运送的有效载荷，明显比不分级的火箭大，这已经被无数次的计算和实践检验了，大家可以看看下面这个例子。我们的目标是让有效载荷达到某一速度（假设 9.5 千米 / 秒），一种办法是使用一级火箭，另一种办法是分成两级，第一级工作完成后，达到目标速度的一半（4.75 千米 / 秒），第二级工作完成后，再获得目标速度的一半（4.75 千米 / 秒）。如果使用这两种办法的火箭初始质量都是 100 吨，我们计算后发现，使用一级火箭有效载荷可以达到 3.5 吨，而使用两级火箭，有效载荷却可以增加到 7.35 吨。火箭的初始质量相同，两级火箭的运载能力比一级火箭增加一倍还要多！这充分说明了火箭分级是提高有效载荷运载能力的重要手段。

但是，在实际工程中，分级太多会导致成本升高，系统复杂程度增加。因此，现代火箭的最大级数一般限制在四级以内。

火箭技术的进步

现代火箭是一种靠发动机喷射工作介质，产生反作用力向前推进的飞行器。它携带全部推进剂——包括燃烧剂和氧化剂，不依靠外界工作介质产生推力，故既可在大气层内，也能在大气层外飞行。这一点与飞机存在显著差别，飞机一般只需要携带燃烧剂即可。根据用途不同，火箭可分为以下类型：当火箭装载各种武器时，被称为导弹；当它装载某些科学仪器或卫星等各类航天器时，被称为运载火箭；当它用来探测大气层时，被称为探空火箭。按动力分类，火箭可分为化学能火箭、电火箭、核火箭、光子火箭和太阳能火箭等。目前，航天飞行用的运载火箭均为化学能火箭。

探空火箭

现代火箭是在探空火箭的基础上发展起来的。探空火箭用于

图 4-10　探空火箭

对大气层进行环境探测、科学研究和技术试验。按研究对象的不同，可分为气象火箭、地球物理火箭和生物火箭等。探空火箭一般是无控制系统的，它结构简单、成本低、发射灵活方便。探空火箭比探空气球飞得高，比低轨道运行的人造卫星飞得低，飞行高度在 30 ～ 200 千米，是目前这一高度范围唯一的探测工具。

现代火箭的发展历程

现代火箭是由多级火箭组成的航天运载工具，其用途是把人造地球卫星、宇宙飞船、空间站、深空探测器或航天飞机等航天器，送入太空中的预定轨道。现代火箭是第二次世界大战后在导弹的基础上发展形成的。苏联发射第一颗人造地球卫星所用的运载火箭，就是用洲际弹道导弹改装而成的。

前面已经说过，现代火箭一般由 2 ～ 4 级组成。一些火箭的第一级（也叫芯级）的外围捆绑有助推火箭，如中国的长征二号捆绑（代号 CZ-2E）火箭，就捆绑了 4 枚助推火箭，简称长二捆。

与导弹不同，现代火箭的设计特点是通用性和经济性，并在使用过程中不断改进。要在市场竞争环境中求发展，就要具备通用性，使火箭能适应不同重量和尺寸的卫星。

随着航天技术应用范围的不断扩大，各航天大国在运载火箭市场上的竞争也日趋激烈，加快了火箭技术更新换代的速度。过去几十年来，火箭技术已经走过了四个发展阶段。

初级阶段：它是在第一代弹道导弹的基础上发展起来的，以军事目的和科学探索为主，只能发射低轨道卫星。这个阶段的典型代表是苏联的卫星号和东方号、美国的大力神 2 号、中国的长征一号（CZ-1）和长征二号丙（CZ-2C）等。

过渡阶段：它是以高能上面级火箭为特征的运载火箭，用于发射高轨道卫星。广义的上面级是指在高海拔点火的火

图 4-11　现代火箭

图 4-12　长征二号捆绑火箭

箭第三、四级，也有人将第一级以上部分均称为上面级。而狭义的上面级是指在基础级火箭上增加的、具有独立控制系统和动力系统的火箭子级。这一时期的典型代表是欧洲的阿里安号、苏联／俄罗斯的质子号和中国的长征三号（CZ-3）等。从这一阶段开始，运载火箭与弹道导弹正式分道扬镳，逐步形成自己独立的体系。

独立阶段：它是以液氢／液氧等为燃料，以捆绑模块式结构为特征的新型高性能大型运载火箭，用以满足航天技术发展、航天产业化目标和国家安全的需求。这一时期的典型代表是日本的H-Ⅱ号、欧洲的阿里安4号和阿里安5号、中国的长征二号捆绑火箭等。

太空应用阶段：为适应今后太空应用和产业化发展的需求，各航天大国正在研制低成本、高可靠、无污染、高性能、可重复使用的航天运载工具。

火箭燃料

现代火箭大都使用化学燃料。燃料可以是不同的物理状态：固体、液体或固液混合的。燃料燃烧后产生炽热气体，通过喷管向后方喷射出去，产生反方向的推力，推动火箭上升。

除了利用化学燃料产生的化学能提供推力以外，可以提供推力的还有电能、核能、激光能和太阳能等，但是对于需要穿越地球大气层的运载火箭来说，推力越大，穿越的时间越短。目前的重型火箭都以化学燃料为主。

看过火箭发射的人都会有这样的感受：火箭点火后，就像一条"火龙"直冲九霄云外。发动机是"火龙"的心脏，它自带推进剂，不需要吸入空气中的氧气来助燃，故可以在天空中按预定设计飞行。

采用化学燃料的火箭发动机，由燃烧室和喷管组成。推进剂包括两种化学物质，一种是还原剂，为发动机提供燃烧物质，以产热排气。另一种是氧化剂，为燃烧反应供氧。化学推进剂既是能源，也是工作物质，它在燃烧室内进行剧烈的化学反应，将化学能转化为热能，生成高温气体，经喷管膨胀加速，将热能转化为气流动能，以 1500 ～ 5000 米 / 秒的高速从喷管排出，产生推力。按推进剂的物质状态，化学燃料火箭发动机又分为液体推进剂火箭发动机、固体推进剂火箭发动机和混合推进剂火箭发动机三种。

液体推进剂火箭发动机

常用的液体推进剂有液氢 / 液氧、四氧化二氮 / 肼及其衍生物（如偏二甲肼、一甲肼）、航空煤油、硝酸 / 混胺（由三乙胺和二甲苯胺混合而成）等。液体推进剂火箭发动机的推力范围大，能反复启动，推力大小容易控制，工作时间长，在航天器的推进系统中应用较多。但由于液体推进剂，特别是沸点低和具有腐蚀性的液体推进剂，必须在临近发射前才能被加注到火箭贮箱中，需要较长的准备时间。因此，在实际使用中受到了一定的限制。

液体推进剂火箭发动机现已被广泛用于火箭的助推发动机、主发动机、高空发动机、姿态控制发动机和轨道转移发动机，成为火箭动力家族中最重要的成员。液体推进剂火箭发动机技术日臻成熟，正朝着低成本、高性能、高可靠、无污染和可重复使用的方向发展。

固体推进剂火箭发动机

固体推进剂由油灰或橡胶状的可燃材料构成，是燃料和氧化剂的混合体。与液体推进剂相比，固体推进剂的最大优势是可以在室温下储存。固体推进剂火箭发动机相对而言结构简单、操作简便、可靠性高，但它的能量效率比液体推进剂低，工作时间较短。由于固体推进剂火箭发动机能在航天器处于旋转的状态下工作，可以在失重状态下点火，并能在短时间内提供巨大推力，因此，目前仍在航天器的助推、分离和起旋中被广泛应用。

混合推进剂火箭发动机

混合推进剂火箭发动机一般采用固体的燃烧剂和液体的氧化剂，综合了液体推进剂火箭发动机和固体推进剂火箭发动机的优势，能像液体推进剂火箭发动机那样调节推力，而且只需一套液体管路、活门和附件，系统比较简单。但是，这种发动机的燃烧速度慢、燃烧不均匀、效率低，一般用于发射一些执行特殊任务的导弹。

可见，液体推进剂火箭发动机和固体推进剂火箭发动机是运载火箭家族中的两根"台柱子"，液体推进剂火箭发动机更是其中的"顶梁柱"。

未来火箭

展望未来，人类要冲出太阳系，仅依靠化学燃料火箭显然是不够的。它的主要不足是质量大、工作时间短和能源利用率低，所能达到的速度非常有限。为此，科学家正在研制新型火箭，这些火箭有望在不久的将来成为现实。

电火箭：用电场或磁场将质量比推进剂小得多的工作介质电离成粒子，使它们高速喷出，产生推力。电火箭包括用电加热物质的电热式火箭、用静电场加速带电物质的静电式火箭、用电磁场加速放电以形成等离子体喷射流的电磁式火箭等。

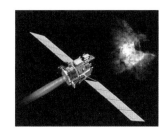

图 4-13　电火箭

激光火箭：用强激光束加热工作物质，使之高速喷出，产生推力。它既可作为航天器在太空飞行的动力，也可将航天器从地面发射到太空。由于激光火箭的激光发生器在地面上，不在火箭上，使火箭结构变得十分简单。激光火箭的工作介质的质量只有化学燃料的十分之一，火箭的发射成本十分低廉，特别适合从固定地点向太空大量运输物资。

核能火箭：包括以原子核裂变反应为能源的核裂变能火箭和以核聚变反应为能源的核聚变能火箭，均具有自身质量轻，推力大的优点。核能火箭经过不断加速，可以达到接近光速，使银河系漫游成为可能。

反物质火箭：利用物质（粒子）和反物质（反粒子）湮灭时放出的能量作为能源。计算结果表明，用 9 千克质子和反质子湮灭产生的能量，加热 4 吨液氮，就可将 1 吨的宇宙飞船加速到 30000 千米 / 秒，40 多年后可以飞到离太阳系最近的恒星——比邻星。

太阳能火箭：太阳能火箭的发动机实际上是一种热能转换装置，用于迅速加热工作介质，减少热能损失。加热后的工作介质经喷管膨胀加速后，高速排出，产生推力。

这些未来火箭有的还停留在概念阶段，离实际应用还有很长一段距离。在它们身上折射出运载火箭技术的发展，方兴未艾，前路漫漫。

火箭回收和重复使用

2015 年 12 月 22 日，美国太空探索技术公司（SpaceX）用猎鹰 9 号火箭成功发射了轨道通信公司的 11 颗小型通信卫星。这是自 2015 年 6 月 28 日猎鹰 9 号发射失败以来，SpaceX 首次发射升级版猎鹰9号。更重要的是，猎鹰9号在世界上首次成功进行一级火箭有动力的垂直回收，率先验证了运载火箭回收技术，为降低火箭发射成本奠定了重要基础。成功回收一级火箭是研制可重复使用火箭的第一步；接着，还要突破和掌握回收二级火箭的技术；最后，是突破和掌握回收火箭的重复发射技术。

常规火箭的重复使用，主要是通过对子级和助推器的回收来实现的。目前，有三种办法可实现火箭的回收和重复使用。第一种是降落伞垂直下降方案。即在火箭与航天器分离后，先进行空中制动变轨，进入地球大气层的返回轨道；接着，在低空采用降落伞减速；最后，打开气囊或用缓冲发动机着陆。这种方案与回收飞船返回舱和返回式卫星类似。

第二种是滑翔飞行水平降落方案。即火箭像飞机一样，箭体采用翼式飞行体，在变轨制动后，水平降落、返回地面。水平降落阶段又分为有动力和无动力两种，后者完全依靠翼身的气动力滑翔飞行，与航天飞机类似。前者采用装有涡喷发动机的翼式飞行体，返回地面时，启动涡喷发动机，进行巡航机动飞行。这种方式可选择更大范围的回收区，与苏联暴风雪号航天飞机类似。

第三种是动力反推垂直下降方案。它的空中变轨制动与第一种方案相同，但在低空采用发动机反推减速，垂直下降回到地面。猎鹰9号采用的就是这种方案。这需要突破高精度的姿态控制技术、主发动机多次启动技术、下降过程中的推进剂管理技术，以及着陆支撑机构等关键技术。

目前大多数运载火箭都是一次性产品。长久以来，火箭发射成本居高不下，这大大影响了人类开发太空的规模和效益。猎鹰

9 号火箭的总造价为 5000 多万美元，而燃料成本只占 20 万美元。如能回收火箭，经过简单维修后重复使用，可以显著降低发射成本。

　　回收火箭需要保障地面人员和财产的安全，避免火箭残骸落入居民区损坏财物甚至伤人。如果研制出低成本的可重复使用火箭，降低发射成本，意味着卫星的生产成本也可以大幅下降，不必再花费大量资金来保证卫星的寿命。如果卫星坏了，再发射一颗填补空缺便是。从长远看，发射成本的大幅降低，将加速人类探索、开发太空的步伐，使人类探访甚至移居其他星球的梦想成真。

世界各国的运载火箭

　　目前，世界上能自主研制运载火箭且自己发射航天器的国家或组织，有美国、俄罗斯、欧洲航天局、中国、日本、印度等。运载火箭采用不同的结构、有不同的推力。使用不同的火箭，可以将功能各异的航天器送入不同的轨道。

俄罗斯的运载火箭

　　俄罗斯地处高纬度地区，发射同样重量的航天器所需的推力较大，所以俄罗斯拥有重型运载火箭，如能源号、质子号等火箭，用于发射空间站、载人飞船和货运飞船。从 20 世纪 50 年代起，苏联陆续研制了东方号、联盟号、能源号、质子号以及天顶号等十余种运载火箭。其中，使用最多的是联盟号和质子号，这两种火箭目前仍然承担着主要的发射任务。

东方号火箭是世界上第一个运载火箭系列，包括卫星号、月球号、东方号、上升号、闪电号、联盟号、进步号等。东方号火箭因发射东方号宇宙飞船而得名。1961 年 4 月 12 日，它把世界上第一位航天员加加林送入太空。

联盟号是两级火箭，通过挖掘东方号火箭一子级的潜力，并采用新的更大推力的二子级研制而成。因发射联盟系列载人飞船而得名。

能源号是一种重型通用运载火箭，曾经是世界上起飞质量与推力最大的火箭，是苏联运载火箭发展史上的一个里程碑。

质子号系列是苏联第一款不是基于导弹改造，而是专为航天任务设计的大型运载火箭。

天顶号是一种中型运载火箭，主要用于发射轨道高度在 1500千米以下的卫星、联盟号 TM 型载人飞船和进步号改进型货运飞船。天顶号是继旋风号后，第二款采用全自动发射系统的运载火箭。

美国的运载火箭

美国与苏联不分伯仲，也是最早发展运载火箭的国家之一。20 世纪 50 年代起，先后研制了大力神号系列、德尔塔号系列、土星号系列、雷神号系列、宇宙神号系列等几十种运载火箭。目前仍在使用的主力是德尔塔号系列。

大力神号系列运载火箭由洲际弹道导弹大力神 2 号发展而来，包括大力神 2、大力神 3、大力神 34、大力神 4、商业大力神 3 等子系列。

德尔塔号系列运载火箭是在雷神号的基础上发展起来的，是世界上成员最多、改型最快的火箭系列（改型达 40 余次）。其发射次数居美国各型火箭之首，它还发射了世界上第一颗地球同步轨道卫星。

土星号系列是专为阿波罗登月计划研制的大型液体运载火箭，先后研制了土星 I 号、土星 IB 号、土星 5 号三种型号。土星 5 号是最终型，专为登月而设计。

雷神号系列是在雷神号中程弹道导弹的基础上发展起来的，主要用来发射军用卫星和早期的太空探测器。该系列包括雷神 - 艾步尔、雷神 - 博纳、加强型雷神 - 阿金纳等。加强型雷神 - 阿金纳 D 型火箭是为发射大质量侦察卫星而研制的。

宇宙神号系列由宇宙神号洲际弹道导弹发展而成，主要有宇宙神 D、宇宙神多级系列、宇宙神 I 等型号。宇宙神 D 是美国第一枚发射载人飞船的运载火箭。

日本的运载火箭

自 20 世纪 60 年代起，日本开始发展运载火箭，先研制了 L 系列运载火箭。1970 年 2 月 11 日，L-4S 火箭成功发射了日本第一颗人造卫星"大隅号"。而后，日本陆续研制了 M 系列、N 系列和 H 系列等十余种火箭。其中，L 系列和 M 系列全部使用固体推进剂。目前，正在使用的是 H 系列中的 H-Ⅱ火箭。

其他运载火箭

自 20 世纪 60 年代起，欧洲航天局和法国、英国等也开始研制运载火箭，主要有黑箭号、钻石号系列、欧洲号系列、阿里安系列等十多种火箭。其中，阿里安系列火箭是 1973 年 7 月由法国提议，联合 11 个欧洲国家成立的欧洲航天局牵头研制的，已成功研制 5 种型号，分别是阿里安 1 号、阿里安 2 号、阿里安 3 号、阿里安 4 号和阿里安 5 号。阿里安系列火箭的成功，是欧洲联合自强的象征，在国际航天发射市场中占有重要地位。

此外，其他一些国家，如印度、乌克兰、巴西、朝鲜等，也有自己的运载火箭。

近年来，SpaceX、蓝色起源等民营公司也相继研发了各自的火箭，且成本更低。

中国的运载火箭

中国是世界航天大国，主要使用的运载火箭为长征系列火箭。这个大家族中，包括最早研制成功，发射中国第一颗人造卫星东方红一号的长征一号火箭；多次投入国内外发射市场的长征二号丙、长征二号捆和长征三号甲系列火箭；专用于载人航天的长征二号F火箭以及长征四号；等等。发射的轨道从对地观测的低地球轨道、太阳同步轨道，到地球同步转移轨道，入轨速度从7800米/秒到10320米/秒。长征系列火箭与阿里安系列火箭一样，在世界上具有较高的声誉。

长征三号系列火箭

长征三号甲被选为中国探月工程的运载火箭，是非常光荣的事情，它还有两个兄弟，长征三号乙和长征三号丙，合称为长征三号系列火箭。为什么叫系列火箭呢？因为，它们是一同成长，具有相同的血缘。长征三号甲是老大，以它为基础，在火箭的第一级周围捆绑上不同数量的助推器，就摇身一变，变成了长征三号乙和长征三号丙火箭了，捆绑四个助推器的是长征三号乙，捆绑两个助推器的是长征三号丙。增加了助推器后，火箭的起飞重量和起飞推力就有了不同程度的增加，能够运载的有效载荷的质量也增加了。捆绑四个助推器后，长征三号乙的运载能力提高了

96%。增加两个助推器后，长征三号丙的运载能力提高了 46%。

长征三号甲可以把 2600 千克的卫星送入地球同步转移轨道。同时，它还能执行其他轨道的发射任务，如低轨道、太阳同步轨道、极地轨道。

长征三号甲火箭全长达 52.52 米，一级、二子级的直径为 3.35 米，三子级的

图 4-14 长征三号甲火箭

直径为 3 米，整流罩的直径为 3.35 米。火箭加注后的总质量约 246 吨，起飞时一级发动机的总推力达 300 吨。

长征三号甲火箭主要由以下几个部分组成：控制系统、动力系统、推进剂利用系统、箭体结构、遥测系统、外弹道测量及安全系统、滑行段推进剂管理与姿态控制发动机系统、分离系统等。

长征三号甲火箭的控制系统，采用多框架平台和数字化的姿控系统，在不修改硬件的前提下，通过修改系统软件，就能满足不同发射状态的要求，具有很强的适应性。

长征三号甲火箭发射时的典型飞行时序见表 4-1。

表4-1 长征三号甲火箭发射时的典型飞行时序

序号	事件	累积时间/秒
1	火箭点火起飞	0
2	开始程序转弯	12
3	一级发动机关机	146.6
4	一、二级分离	148.1
5	二级飞行开始	148.1
6	抛开整流罩	243.1
7	二级主发动机预关机	265.7
8	二级游机关机	270.7
9	二、三级分离	271.7
10	三级飞行开始	271.7
11	三级一次发动机关机	623.2
12	滑行段开始	626.7
13	滑行段结束	1226.7
14	三级二次启动	1226.7
15	三级二次发动机关机	1355.9
16	末速修正结束	1375.9
17	调姿开始	1375.9
18	调姿结束，星箭分离	1455.9

长征五号火箭

2016 年 11 月 3 日，新一代大型运载火箭长征五号在中国海南文昌航天发射场顺利升空。它采用环保推进剂，突破了 247 项关键技术，由于体格巨大、推力惊人，被网友们亲切地称为"胖五"。

长征五号已成功用于探月工程三期、载人空间站、首次火星探测任务等国家重大科技工程，实现了嫦娥五号月球采样返回，发射中国空间站天和核心舱，发射天问一号火星探测器等重大航天任务。

长征五号采用了"液氢 + 液氧""煤油 + 液氧"的绿色推进剂，无毒，无污染。这一改进所带来的优势，并非只是为了追求环保，由于推进剂比老一代火箭更便宜，可以有效降低发射成本，提高商业竞争能力，走向国际市场。

链接

为什么只有美国、俄罗斯、中国能够发射载人飞船呢？

发射载人飞船，比发射人造卫星的技术要求更高。发射载人飞船的火箭必须满足三个条件。

（1）足够的推力。早期的载人飞船比较简单，最轻的只有 2～3 吨，而现在的载人飞船至少 5～6 吨，神舟飞船的质量为 8 吨左右，要把如此重的飞船送入太空，火箭必须有足够的推力。

（2）具备故障检测和逃逸功能。发射载人飞船的最大风险来自火箭上升段。为确保航天员的生命安全，火箭要增加故障检测系统和逃逸系统。这是不同于发射人造卫星的显著标志。

（3）高可靠性、高安全性、高质量。发射卫星的火箭可靠性要求约为 0.9，安全性无特殊要求，而发射载人飞船的火箭可靠性要求为 0.97，安全性要求为 0.997。这就要求火箭各系统的可靠性都要很高。为此，在设计中采用冗余技术，即关键设备增加备份，使两套系统同时处于工作状态，一旦其中一套出现故障，另一套马上可以接替其工作。在研制过程中，发射载人飞船的火箭采用高试验标准和严格的质量保证措施，对成千上万个电子元器件提高质量等级，逐一进行筛选，对各系统进行充分的地面试验，对研制全过程进行严格的质量控制，从而保证火箭质量。

航天发射场

　　绝大多数火箭都要在专门的航天发射场发射，中国有四大航天发射场，分别在酒泉、西昌、太原和文昌。国外航天发射场主要分布在美国、俄罗斯、法国、日本等，其中美国2个、俄罗斯4个（苏联解体后，其中一个在哈萨克斯坦境内，俄罗斯以租借的方式使用）、法国1个、日本2个。

美国航天发射场

　　（1）肯尼迪航天中心

　　肯尼迪航天中心建于1962年7月，隶属美国国家航空航天局，位于佛罗里达州东海岸的卡纳维拉尔角，是美国最大的航天发射场，主要用于发射卫星、深空探测器、载人飞船和航天飞机，共有40多个发射工位。目前正在使用的主要有37号、39号、41号等发射工位。

　　（2）范登堡空军基地

　　范登堡空军基地位于加利福尼亚州南部的海边，主要用于战略导弹使用性能试验和武器系统作战试验，发射各种军用卫星和极轨卫星。可向西或西南方向发射，倾角为56º～104º。基地先后建有发射台和地下井50多个，现大部分已停用。1984年，6号发射区被改造成航天飞机发射场，但建成后一直未使用。基地建造了用于航天飞机着陆的设施，1994 年，被改建成发射小型火箭的商用发射场。

俄罗斯航天发射场

（1）拜科努尔发射场

拜科努尔发射场位于哈萨克斯坦境内，锡尔河畔丘拉坦姆火车站正北方向，距莫斯科 2100 千米，在咸海以东约 150 千米，平均海拔高度约 90 米，是一片人烟稀少的半沙漠草原地区，地势开阔平坦。

发射场建于 1955 年，长 137 千米，宽约 88 千米，主要包括 3 个发射场区，建有发射台和地下井约 90 个，主要发射轨道倾角为 52°～65° 用途不同的卫星、飞船、深空探测器和空间站。1957 年 10 月 4 日和 1961 年 4 月 12 日，世界上第一颗人造地球卫星和第一艘载人飞船都是从这里升空的，东方号、上升号、联盟号载人飞船、礼炮号空间站、和平号空间站，以及暴风雪号航天飞机都从这里起飞，这里也是俄罗斯唯一的载人航天发射场。

（2）卡普斯丁亚尔发射场

卡普斯丁亚尔发射场位于伏尔加河北岸，离伏尔加格勒约 90 千米。该发射场建于 1946 年，是苏联最早的导弹试验基地。1962 年，开始发射小型科学试验卫星，为苏联早期导弹和航天技术的发展发挥过重要作用，也曾进行过反弹道导弹试验和井下发射卫星试验。该发射场远离人口稠密区，火箭残骸落在咸海附近的沙漠中。

（3）普列谢茨克发射场

普列谢茨克发射场建于 1957 年，位于莫斯科以北 850 千米，建有 30 多个发射台和地下井，以发射 60.8°～ 82.9° 各种大倾角军用卫星为主，也进行导弹、大型运载火箭和反卫星试验，并为战略导弹军事训练服务。1966 年，该发射场进行首次航天发射，至今已把 1500 多颗卫星送入轨道，是世界上发射卫星最多的发射场。

16、41、43 号为闪电号 / 联盟号火箭的发射工位，32 号、35 号分别为旋风号、天顶号火箭的发射工位，132 号、133 号为宇宙 -3M 号火箭的发射工位。1992 年，俄罗斯航天部队成立后，接管了这里的航天设施。1994 年 11 月改为航天发射场，称为普列谢茨克国家第一航天研究发射场。目前，该发射场设有 9 个发射设施，其中 4 个用于发射闪电号 / 联盟号火箭，2 个用于发射旋风号火箭，3 个用于发射宇宙 -3M 号火箭。

（4）东方航天发射场

东方航天发射场位于俄罗斯远东地区的阿穆尔山斯沃博德内市，占地 1700 平方千米。2013 年正式开始建设，耗资 3.09 亿卢布，可容纳近 3 万人，是建设中的大型民用航天发射场。2021 年 7 月 1 日，载有 36 颗通信卫星的联盟 -2.1b 火箭从这里成功发射。可以说，这里承载了俄罗斯振兴航天工业的新使命。

法国圭亚那航天中心

圭亚那航天中心位于南美洲北部，大西洋沿岸的法属圭亚那库鲁地区。因靠近赤道，对发射地球同步轨道卫星非常有利。发射方向从大西洋延伸，由北到东形成一个 $-10.5°\sim+93.5°$ 的扇形发射区。进行近地轨道、极轨道和太阳同步轨道发射时，均无需采取专门的安全保障措施。当前，圭亚那航天中心主要用于发射阿里安系列运载火箭。

圭亚那航天中心长约 60 千米，宽约 20 千米，占地面积约1000 平方千米，主要负责科学卫星、应用卫星和探空火箭的发射。其主要设施包括火箭发射区、助推器生产和测试区及相应的测控、通信、气象等后勤保障系统。技术中心靠近库鲁镇，拥有能同时测试 5 颗卫星的厂房等设施。火箭发射区在库鲁镇西南方向，建有 3 个发射场。

阿里安第一发射场由欧罗巴 2 号（欧洲 II）发射场改建而成，充分利用了原有设施，为适应阿里安火箭的发射需要，建设了新的发射台，加高勤务塔，重新布置输送管路和改建发射控制室。每年可进行 6 次阿里安 1 号、阿里安 2 号和阿里安 3 号的发射。1979 年至 1989 年共进行了 25 次发射。

阿里安第二发射场于 1981 年 7 月开始修建，1985 年 8 月建成，1986 年 3 月首次使用，用于发射阿里安 3 号和阿里安 4 号火箭，年发射能力达 8～10 次。

阿里安第三发射场是为了适应阿里安 5 号火箭的发射需要，并为发展独立自主的载人航天能力而建造的，用于发射地球同步轨道和太阳同步轨道商业卫星、科学试验卫星等。该发射场主要由技术准备区和发射区组成。技术准备区包括助推器组装厂房、火箭组装厂房、总装测试厂房和发射控制中心等。发射区在技术准备区以北约 1800 米处。第三发射场有两个操作控制室、两个发射平台和两套操作测试系统，可以同时进行两枚火箭的发射准备工作，发射周期缩短为 22 个工作日，每年可发射 8 次。

日本航天发射场

（1）鹿儿岛航天中心

鹿儿岛航天中心始建于 1962 年，位于日本南部鹿儿岛县大隅半岛内之浦的丘陵地带，隶属日本宇宙科学研究所，主要用于探空火箭和科学卫星的发射。

试验设施主要有兰姆达发射工位、缪火箭发射工位、卫星跟踪中心、遥测中心、控制中心、有效载荷总装厂房、火箭总装厂房、卫星准备厂房等。

（2）种子岛航天中心

种子岛航天中心位于日本九州种子岛南端，由竹崎发射场和大崎发射场组成，用于发射 N-1、N-2 和 H-1 火箭。大崎发射区的发射操作模式采用所谓的"活动勤务塔"方式，火箭的组装、测试等一系列射前准备工作都在发射台进行，占用发射台的时间较长。

中国航天发射场

我国现有 4 个航天发射场：酒泉卫星发射中心、西昌卫星发射中心、太原卫星发射中心、文昌卫星发射中心。

（1）酒泉卫星发射中心

酒泉卫星发射中心又称"东风航天城"，是创建最早、规模最大的综合型导弹、卫星发射中心。

酒泉卫星发射中心是测试及发射长征系列火箭、中低轨道的各种试验卫星、应用卫星、载人飞船的主要基地，并承担火箭残骸回收、航天员应急救生等任务。

（2）西昌卫星发射中心

西昌的纬度较低，从这里向东发射火箭，一方面可以保证卫星能够准确进入地球同步转移轨道，经过几次变轨后，进入地球静止轨道；另一方面，卫星变轨期间用于倾角修正的燃料也少于太原和酒泉两个发射场。所以，我国地球静止轨道卫星一般选择在西昌发射。中国探月工程的嫦娥一号、二号、三号、四号探测器都是从这里启程的。

（3）太原卫星发射中心

太原卫星发射中心始建于1967年，目前已是具有多功能、多发射方式，集指挥控制、测控通信、综合保障于一体的现代化航天发射场。

太原卫星发射中心具有每年执行10次以上高密度火箭发射任务的综合能力，先后成功发射了我国第一颗太阳同步轨道气象卫星风云一号、第一颗中巴资源一号卫星、第一颗海洋资源勘察卫星等。

（4）文昌卫星发射中心

该发射中心位于海南省文昌市，面朝南海东海岸，处于龙楼镇和东郊镇之间，面积约16.8平方千米，到清澜港的直线距离约

15 千米，地势平缓，大部分区域的海拔高度只有 5 米左右。

　　这里属热带季风岛屿型气候，具有热带和亚热带气候的特点，不利于发射的气象与环境因素主要有雷暴、台风、降水和盐雾等。针对这些不利气象、环境因素，需要在发射场设计建设、测发流程安排、火箭设计、发射时间选择、气象预报等方面采取措施，才能较好地满足新一代运载火箭发射的保障要求。中国空间站天和核心舱、嫦娥五号、天问一号火星探测器等国家重大发射任务都是在这里完成的。

第 5 章

人造地球卫星

　　我们仰望星空，看到繁星点点，那里，藏着宇宙深处的秘密。为了一探究竟，我们将更多的人造卫星送上太空，这是人类的壮举！

航天器的组成和结构

  一个航天器包含大量仪器设备，由若干系统组成。整体上可分为有效载荷和平台两大类。

  有效载荷是指与航天器所执行的任务直接相关的系统，大致分为探测器、遥感器和转发器三类。科学卫星用各种探测仪器来探测空间环境和天体，如红外天文望远镜、宇宙射线探测器和磁强计等；通信卫星用通信转发器和天线传递各种无线电信号；对地观测卫星用各种遥感器，如可见光照相机、合成孔径雷达、多光谱相机等，来获取地球的各种信息。

  平台是为航天器实现功能提供保障的系统，主要包括结构与机构分系统、热控分系统、供配电分系统、制导导航与控制分系统、推进分系统、测控通信分系统、数据管理分系统等。如果是载人航天器，还包括航天员的生命保障分系统、着陆回收分系统等。

  （1）结构与机构分系统

  用于支撑、固定航天器上的各类仪器设备，传递和承受载荷，保持航天器的完整性，完成各种规定动作。一般包括主承力机构、总装直属件、展开与锁定机构、连接与分离装置等。

  （2）热控分系统

  用于控制航天器内外的热交换过程，使其平衡温度处于技术指标要求的范围内。在航天器经历不同的环境条件时，保证航天器内部各类仪器设备正常工作。热控方式可分为主动热控和被动热控两种。主动热控主要通过加热实现，如热管、热辐射器等；被动热控包括涂层、多层包覆材料等。

（3）供配电分系统

用于产生、存储、变换和传输电能的系统，它是航天器的能量来源，多采用太阳电池阵与蓄电池组合供电。接收到的太阳能通过光电效应转变为电能，供给航天器上的设备使用，同时存储一部分在蓄电池中，供航天器在阴影段接收不到太阳能时使用。

（4）制导导航与控制分系统

用于控制卫星的姿态与轨道的系统。所谓姿态，是指航天器在惯性空间的指向，姿态控制包括姿态稳定与姿态机动两部分。姿态稳定的方式包括自旋稳定、三轴稳定和重力梯度稳定等。轨道控制用于实现航天器在不同轨道间的变换，使航天器保持在预定的轨道上。

（5）推进分系统

是制导导航与控制系统的执行机构，为航天器提供动力。推进方式包括冷气、单组元推进（推进剂由一种物质组成）、双组元推进（推进剂由两种物质组成）、双模式推进、电推进等。

（6）测控通信分系统

遥测、遥控、跟踪测轨与数据传输分系统的总称。遥测用于采集航天器上各类仪器设备的工作参数及其他相关参数，实时或延时发送给地面测控站，实现地面站对航天器工作状态的监测。遥控用于接收地面的指令，直接或经数据管理分系统传送给相关仪器设备，实现地面对航天器的控制。跟踪测轨用于协同地面站，测定航天器运行的轨道参数，保持航天器与地面的联系和控制。数据传输分系统把航天器获得的探测数据传输到地面，开展各种应用，实现其既定功能。

（7）数据管理分系统

用于存储各种程序，采集、处理数据以及协调管理航天器各分系统。

总之，航天器是一个十分复杂的软硬件系统，它由多个复杂的分系统组成，分别满足能源供应、信息传输、轨道控制等要求。任何一个小环节出现差错，都有可能导致"一着不慎，满盘皆输"的后果，轻则影响航天器功能的实现，重则造成整个航天器的损坏。

人造地球卫星的分类

1957 年 10 月 4 日，苏联发射了世界上第一颗人造地球卫星。从 20 世纪 50 年代末到 60 年代初发射的人造卫星，主要用于探测太空环境，进行各种技术试验。20 世纪 60 年代中期，人造地球卫星进入应用阶段，各种应用卫星先后问世。从 70 年代起，各种专用卫星相继出现，性能不断提高。到 20 世纪末，世界各国共发射了约 5000 颗人造地球卫星。除苏联外，美国于 1958 年 2 月 1

日首次发射探险者1号人造地球卫星。20世纪60～70年代，法国、日本也发射了人造地球卫星。1970年4月24日，中国发射了东方红一号人造地球卫星。

按人造地球卫星的用途分类，主要有科学卫星、技术试验卫星和应用卫星三大类。

科学卫星

科学卫星用于科学探测和研究，主要包括空间物理探测卫星和天文卫星。科学卫星使用的仪器，包括望远镜、光谱仪、盖革计数器、电离计、压力测量计和磁强计等。借助这些仪器可研究高层大气、地球辐射带、地球磁层、宇宙射线、太阳辐射和极光等，并观测太阳和其他天体。哈勃太空望远镜是科学卫星的典型代表，发现了许多有重要价值的天文现象。

图 5-1　哈勃太空望远镜

技术试验卫星

技术试验卫星是进行新技术试验，或为应用卫星进行试验的卫星。航天技术中的新原理、新技术、新方案、新仪器设备和新材料，往往需要先在轨道上进行试验、验证，成功后才能投入使用。这类卫星数量较少，但试验内容广泛，如重力梯度稳定试验、电火箭试验、生物对空间环境适应性试验、载人飞船生命保障系统和返回系统的验证试验、交会对接试验、无线电新频段的传输试验、新遥感器的飞行试验等，都是利用技术试验卫星进行试验后，才投入使用的。

图 5-2　中国首颗技术试验卫星——实践一号

应用卫星

在人造地球卫星的所有成员中，应用卫星的种类最多，发射数量也最多。按用途应用卫星可分为通信卫星、气象卫星、侦察卫星、导航卫星、预警卫星、测地卫星、地球资源卫星、海洋卫星和多用途卫星等。按其是否用于军事目的，可分为军用卫星和民用卫星，但也有许多卫星是军民两用的。

　　在应用卫星的家族里，有三类主要的卫星，它们各自具有鲜明的工作特点，谁也无法替代谁。

　　一是通信卫星，它作为无线电信号的中继平台，转发来自地球或低轨道卫星的无线电信号，相当于太空"二传手"。1997年，中国发射的东方红三号卫星就是一颗通信卫星。这类卫星发展很快，目前有国际通信卫星、国内通信卫星、军用通信卫星、海事卫星、广播卫星、跟踪和数据中继卫星以及搜索营救卫星等。通信卫星上装有在各种频段工作的转发器和天线，转发来自地面、海上、空中和低轨道卫星的无线电信号，用于传输电话、电报和电视广播节目以及数据通信。

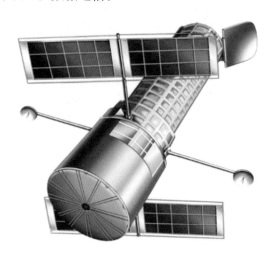

图 5-3　通信卫星示意图

　　二是遥感卫星，它相当于一个对地观测平台，用卫星上装载的各种遥感器或探测器，收集来自地球的多种信息。气象卫星、资源卫星和侦查卫星等是其中的代表。在这些卫星上，装有从紫外到远红外波段的遥感器和其他探测仪器，收集来自陆地、海洋、大气的电磁辐射，从中提取信息，分析、判断、识别目标物体的性质和状态，直接服务于气象、农林、地质、水利、测绘、海洋和军事侦察等。

图 5-4　遥感卫星

　　三是导航卫星，它是太空中的"指南针"，卫星上装有光信标灯、激光反射器、无线电信标机、应答机等。它们的空间位置、

图 5-5　导航卫星

到地面的距离和运行速度都可以预先确定，因此可用作定位、导航和大地测量的基准。地面的固定物体或移动物体、空中的飞机和海上的舰艇，都可以利用导航卫星来确定自己的坐标位置。大名鼎鼎的北斗导航卫星和全球定位系统（GPS）是这一领域的典型代表。

人造地球卫星与我们的生活

数以千计的人造地球卫星，遨游在宇宙"公海"里，为人类带来了便利。遥感卫星号称"千里眼"，不仅叱咤风云，还能"招财进宝"，它能探测到靠其他手段难以发现的地下"宝藏"；通信卫星是名副其实的"顺风耳"，使人类在"地球村"中的联系越来越紧密；导航卫星更是神通广大，导航、定位、测速样样精通，其本领之高可谓家喻户晓。

通信卫星

通信卫星的出现，使现代通信产生了极大的飞越，现已广泛用于电话、电报、传真及数据和图像传输等，卫星种类也从单一的固定通信卫星，发展到移动通信卫星、电视直播卫星等。

移动通信卫星是当今社会的"宠儿"，它圆了人们希望随时随地都能进行通信的梦想。它不受地理位置的约束和用户移动的限制，使光纤通信相形见绌。它包括静止轨道移动通信卫星和中低轨道移动通信卫星两种。静止轨道移动通信卫星广泛用于海、陆、空移动通信，并有导航功能。中低轨道移动通信卫星能克服静止轨道移动通信卫星信号衰减大、传输延时长、轨道资源紧张、无法覆盖地球两极等先天不足，对卫星通信发展具有重大推动作用。其中一个例子，是摩托罗拉公司于 1998 年建成的由 66 颗卫星组成的铱星系统，用户可用手持机在全球任何一个地方随时通信。早在 1993 年，美国就把第一颗采用数字视频压缩技术的电视直播卫星送上太空，使卫星电视转播的发展上了一个新台阶。

在通信卫星中，高、中、低轨道的卫星系统并存发展。区域通信主要采用高轨道卫星，全球通信主要采用中低轨道卫星。通信卫星已经成为建立信息高速公路的支柱，比光纤通信更便宜、更易实施。

目前，全世界几乎所有国家和地区都在利用地球静止轨道上的通信卫星，它提供了 80% 的洲际通信和 100% 的国际电视转播，并支撑着部分国家或地区的通信和电视广播业务。现在，卫星通信除了用于电报、电话、传真、数据传输、电视、无线电广播和海洋移动通信等，还能提供电视电话会议、应急救灾、远程医疗、银行汇兑、电子文件分发、资料检索与传输、计算机联网等业务，极大地方便了我们的生活。

气象卫星

　　气象和人类的生产、生活密切相关。在实践中，人们很早就掌握了许多预测天气变化的本领。气球、无线电探测仪和探空火箭的使用，使气象观测和预报能力大大提高，但它们仍有较大的局限性。气象卫星具有视野广阔、可长期监测等优点，已成为当代气象观测常用手段。

　　气象卫星包括低轨道极地气象卫星和高轨道静止气象卫星两种。它们在功能上互补，各有分工。前者的轨道高度约 800～1500 千米，在可见光和红外波段拍摄气象云图，测量大气中的垂直水汽含量，进行全球范围的观测，提供中长期数值天气预报所需的资料。由于无法连续观测同一地区，低轨道极地气象卫星不适用于短期天气预报。高轨道静止气象卫星则与之相反，从 35800 千米的高度，用遥感器拍摄大面积云图，了解其变化，观测风和大气运动过程，主要用于区域短期天气预报。目前，美国的静止轨道环境卫星、日本的静止轨道气象卫星、欧洲的气象卫星和环境卫星、中国的风云系列极轨气象卫星等，共同组成了全球性的气象观测系统。据估算，发射一颗价值 2 亿美元的气象卫星，可减少因恶劣天气导致的 20 亿美元财产损失，投入产出比可达 1∶10。

　　两种轨道卫星的相互结合，对不同空间范围的中、短期天气预报起到了十分重要的作用。目前，气象卫星正朝着一星多用、综合利用的方向发展，除气象观测外，还兼具海洋和环境监测功能。卫星上的遥感器也在不断改进，以提高气象云图分辨率和对大气垂直分布的探测能力。

资源卫星

由于经济快速发展，人口不断增加，人类对自然资源的需求量越来越大。然而，由于条件限制，许多自然资源到现在还沉睡在人迹罕至的深山密林、茫茫沙漠和浩瀚大洋之中，用一般的方法很难勘探。地球资源卫星的出现，就是为了破解这些难题。资源卫星不仅使人类从新的高度观测地球上的各种现象及其变化，还把视觉从可见光范围拓展到紫外、红外及微波波段，把对地观测带入了一个新阶段。作为一种先进的资源探测手段，利用资源卫星探测不仅可节省大量人力、物力和财力，还能完成许多用其他方式难以实现的任务。

资源卫星通常分为陆地资源卫星和海洋资源卫星两种。中国的中巴资源卫星、美国的陆地卫星7号和法国的斯波特5号是资源卫星中的典型代表。陆地资源卫星用于农作物估产、土壤调查、洪涝灾害评估、资源考察、地下和地表水资源探寻以及环境监测等。海洋资源卫星用于对海面风向、风速、浪高、海面温度、大气水含量、海冰覆盖与海冰移动参数等的测量。1972年7月，美国发射了世界上第一颗陆地资源卫星陆地卫星1号。1978年6月又发射了第一颗海洋资源卫星海洋卫星1号。由于资源卫星在国民经济建设的各个领域发挥出越来越重要的作用，对经济社会的可持续发展具有重大影响，所以世界各国都非常重视。

目前，资源卫星正在从光学遥感向微波遥感，从单一遥感向多功能遥感发展，总趋势分为研制大型综合系统和小卫星系统两大方向，并与多种卫星协调工作，不断提高卫星的分辨能力。

导航卫星

在茫茫大海中航行的舰船，需要知道自己的位置和航向，才能保证安全。在导航卫星问世前，人们大多使用无线电导航、惯性导航等方式。它们均有明显不足，有的受气象条件限制，有的受航行距离的影响，还有的导航精度较低。导航卫星的升空，把这些先天不足"一笔勾销"。

导航卫星实质上是把地面导航台搬到了太空，避免了气象、航行距离等对导航的制约，具有高精度、全天候、覆盖全球和用户设备操作简便等优点，适用于各类复杂的情况。

GPS 的全称为全球定位系统，以军用为主，民用为辅。它的定位精度优于 10 米，测速精度优于每秒 0.1 米，已广泛用于军事、交通、航空、测量、勘探和农业等领域。由欧洲各国共同打造的新一代全球定位系统"伽利略计划"，通过向距离地球 2.4 万千米的太空发射 30 颗卫星，分布在 3 个轨道平面上，定位精度可达 1 米，成为世界上第一个民用全球卫星导航系统。伽利略卫星导航系统能与 GPS 兼容，除了能提供"安全运行服务"及"商业服务"外，还能提供 GPS 不能提供的"紧急救援服务"。中国已经建立了自己的北斗卫星导航系统，已完成全球组网。它不仅能用于气象观测，应急救援、地质勘探等领域，还有一项短报文功能，在地震和海上搜救中深受欢迎。

除此之外，俄罗斯也已建立了自己的卫星导航系统，称为格洛纳斯系统，日本也在建设准天顶卫星导航系统，它们与美国、欧洲和中国的卫星导航系统一起，被称为全球五大卫星导航系统。

　　人造地球卫星的出现，改变了人类社会的思维、工作和生活方式，成为现代社会发展的巨大动力。如今，人造卫星正朝着两个方向发展，一是大型、综合、可维修和长寿命，使地面用户设备进一步小型化，并兼有通信、气象和导航等多种功能。二是积极研制小卫星，用多颗小卫星组成星座，来实现大型综合卫星的功能，从而降低造价，增强人造地球卫星的适用性。

第6章

走向深空的前哨站

　　人类曾经梦想在天空中飞翔，于是发明了飞机；人类曾经希望横渡大洋，走向深海，于是发明了轮船和潜艇。宇宙的浩瀚，让人类为之着迷。人类终将走出地球，进入深邃的宇宙。我们不停地追寻、探索，期待着有一天能看到更远的宇宙，而在这之前，我们必须找到位置更佳的观测点，坚定不移地向着深空出发。

载人飞船

1961 年 4 月 12 日，苏联航天员加加林乘坐东方 1 号载人飞船升空，成为进入太空第一人。此举开创了载人航天新时代，使加加林名扬四海，也使载人飞船蜚声全球。至今，人类已经发射多款载人飞船。尽管在太空中长期运行的空间站的技术日趋成熟，但载人飞船依然不可或缺。载人飞船在世界航天史上立下汗马功劳，且至今仍活跃在载人航天事业第一线。

载人飞船的结构

各个国家的载人飞船虽有所不同，但总体上是相似的，目的均为保障航天员进入太空执行任务，使航天员座舱沿弹道式或升力弹道式路径返回地面，垂直着陆。载人飞船是载人航天器中规模最小的一种，在轨道上一般只能单独飞行几天到十几天。它可独立进行载人航天活动，也可作为往返地面与空间站或地球和月球之间的"渡船"，还能与空间站或其他航天器对接，进行组合飞行。

按照飞行任务的不同，载人飞船可分为卫星式载人飞船（如中国的神舟系列飞船）、登月载人飞船（如阿波罗登月飞船）和行星际载人飞船。前两种飞船在 20 世纪已经发射成功，第三种飞船有望在 21 世纪实现，很可能是火星载人飞船。目前，发射最多、用途最广的载人飞船是卫星式载人飞船。这种飞船像卫星一样，在离地面几百千米的近地轨道上飞行，飞行速度为第一宇宙速度。登月载人飞船和行星际载人飞船需达到第二宇宙速度。

载人飞船由航天员返回舱、轨道舱、推进舱、气闸舱和对接机构等组成。返回舱也称座舱，是飞船发射和返回过程中航天员乘坐的舱段，也是飞船的控制中心。不仅如此，返回舱还要和其他舱段一样，承受起飞、上升和轨道运行阶段的减速过载和气动加热。返回舱是飞船的核心部分，外形都是大钝头体，这样做结构简单，工程上易于实现。返回舱内还有特殊的照明系统，以保证在恶劣光线条件下，航天员能"心明眼亮"，正常操作。轨道舱是航天员在轨工作的场所，里面装有各种仪器设备。推进舱也称服务舱或设备舱，通常安装有推进系统、电源和气源等设备，起到服务和保障作用。气闸舱是航天员出舱进行太空行走时，保证飞船舱内气体不泄漏的过渡设备。对接机构用来与空间站或其他航天器进行交会对接和锁紧。此外，还有应急救生装置，在紧急情况下，这些装置保障航天员安全返回地面或转移到其他航天器上。

从结构上讲，卫星式载人飞船有单舱式、双舱式和三舱式。其中单舱式最简单，只有座舱；双舱式次之，由座舱和服务舱组成；三舱式最复杂，比双舱式多一个轨道舱。有的卫星式载人飞船还有气闸舱或对接机构等。载人飞船大多配备应急逃生装置。登月载人飞船在双舱式飞船的基础上，增设了一个登月用的登月舱。当飞船进入月球轨道时，航天员乘坐登月舱在月面着陆，完成月面考察后，再乘登月舱飞离月面，与轨道舱会合。

为了保证航天员能进入太空并安全返回，载人飞船由结构与机构系统、姿态控制系统、轨道控制系统、无线电测控系统、返回着陆系统、生命保障系统等组成，与不载人航天器的系统组成类似，但由于载人飞船增加了许多特殊要求，比不载人航天器要复杂得多。

载人飞船的特点

载人飞船外形简单、技术上较易实现、所需投资少、研制周期短，因而有着广泛的用途。它是突破并掌握载人航天基本技术的有效工具，可用于轨道交会对接、航天员出舱活动等试验，开展航天医学和生命科学研究；载人飞船可作为空间站的天地往返系统，为空间站接送航天员和运送物资，其费用比航天飞机低；

图6-1 联盟号载人飞船

载人飞船可作为空间站的救生艇，例如，1984 年苏联礼炮 7 号空间站出现严重故障时，就是用停靠在空间站上的联盟号载人飞船，把 2 名航天员紧急撤回地面的；由于带有推进系统，有变轨能力，载人飞船可以迅速降低轨道高度以进行侦察；载人飞船可进行载人绕月和登月飞行……可以肯定的是，在未来，人类还将用它进行载人行星际飞行。

除载人飞船外，还有货运飞船和载人货运混合飞船。实践证明，将运货和载人任务分开，分别采用不同的宇宙飞船，有利于提高人员运输的安全性和货物运输的经济性。中国的载人航天工程中，神舟飞船负责载人，天舟飞船负责运货，分工十分明确。

载人飞船还可以用于保障航天员的生命安全。对国际空间站来说，联盟号载人飞船是它的救生艇。每当空间站内有航天员驻留时，总有联盟号飞船停靠，为航天员"保驾护航"。

今后的载人飞船将会朝三个方向发展：一是具有多种功能；二是返回落点的控制精度提高到百米级以内；三是返回舱经维修可重复使用。

航天飞机

航天飞机的功能

航天飞机可以重复使用，能在地球表面和近地轨道之间往返，运送有效载荷。它还可以进入近地轨道，完成多种任务。航天飞机既是一种运载工具，又是一种航天器，就像把火箭和卫星的功能合二为一了。航天飞机进入近地轨道的部分称为轨道器，可以向近地轨道释放卫星，从轨道上捕捉、维修和回收卫星，向空间站运送人员和物资等，具有包括人造地球卫星、货运飞船、载人飞船、小型空间站等许多功能。

航天飞机的构造

世界上只有美国和苏联曾经建造过航天飞机。美国共制造了5架航天飞机，有2架先后失事（挑战者号和哥伦比亚号），其他也都已退役。苏联的航天飞机名为暴风雪号，仅进行过一次不载人的试验飞行，并没有正式投入使用。

图 6-2　航天飞机

两种航天飞机的比较

20 世纪 80 年代，为了与美国竞争，苏联开始建造航天飞机，名为暴风雪号。暴风雪号于 1988 年 11 月由能源号火箭发射，进入太空并安全返回地面，但没有载人。此后，因为各种原因，暴风雪号再也没有飞过。

航天飞机虽然已经退出了历史舞台，但在它们服役的 30 年里，仍完成了许多艰巨的航天任务，为科学事业的发展建立了不朽的功勋：它们将公交车那么大的太空望远镜、空间站等大型部件，还有许多人造卫星送入太空。没有航天飞机，这些庞然大物要推迟几年甚至十几年才能升空，或许永远也无法上天。如果没

链接

航天飞机失事

1986 年 1 月 28 日，挑战者号航天飞机发射升空，由于助推火箭的高温气体泄露，航天飞机在升空 73 秒后炸毁，7 名机组人员不幸全部遇难。2003 年 2 月 1 日，哥伦比亚号航天飞机在完成太空任务返回大气层时解体爆炸，7 名机组人员全部牺牲。经过调查发现，这次事故的原因是：发射时，燃料储箱上的一块隔热瓦脱落，砸坏了航天飞机的机翼。当航天飞机返回地球，再入大气层时，机翼温度急剧升高，导致飞机失控，最后被炽热的气流彻底撕碎。

两次事故不仅导致 14 名优秀航天员牺牲，沉重打击了载人航天事业，也暴露出航天飞机存在的安全隐患。此外，航天飞机在使用中还暴露出其另一个缺点：每次的发射费用与维修费用都十分高昂，远远超出了当初的预想。因此，航天专家经过综合评估，决定终止航天飞机项目。2011 年 7 月 21 日，亚特兰蒂斯号航天飞机在执行完最后一次任务后退役。从此，世界上所有的航天飞机都不再飞行。

有航天飞机，由于设计缺陷而"视力"受损的哈勃太空望远镜就无法被修复并继续运行三十多年，天文学与空间科学的发展脚步也会大大放慢。

航天飞机结束历史使命后，载人航天器的发展重点重新回到载人飞船上。不过在未来，更强大、更安全的新一代航天飞机（也可能是空天飞机）依然可能重返太空。

表6-1　两种航天飞机的比较

	美国：挑战者号	苏联：暴风雪号
外形尺寸	长度：56米 翼展：23.8米 高度：23.3米	长度：58.76米 翼展：23.9米 高度：24.52米
结构	都由轨道器、外挂燃料储箱和火箭助推器组成；其中轨道器均为无尾曲边三角翼布局	
飞行方式	都采用垂直发射，水平滑翔着陆	
主要差别	1. 挑战者号采用固体火箭作为第一级，轨道器充当第二级；而暴风雪号采用能源号运载火箭作为第一、二级，轨道器挂接在第二级火箭上，进入轨道后二级火箭脱落 2. 发射暴风雪号航天飞机的能源号运载火箭的第一级采用液体燃料，当任何一个主发动机失灵，航天飞机仍能继续飞行，而采用固体火箭的挑战者号却不能做到这一点 3. 暴风雪号采用自动着陆系统，实现无人驾驶飞行，而挑战者号虽然有类似的着陆系统，但均采用有人驾驶的半自动返航着陆方式	

空天飞机

空天飞机，是航空航天飞机的简称，它集航空、航天技术为一体，采用航空喷气发动机和火箭发动机两种推进系统。开始时，空天飞机以高超音速在大气层内飞行；到30～100千米高空飞行时，速度可达12～25马赫；然后，再选用两级或单级入轨方式，进入环绕地球轨道。返回时，再入大气层，像普通飞机一样在跑道上着陆。空天飞机的显著优点是：类似普通的民航飞机，起降方便，不受发射窗口、天气、起降地点的限制；维护简单，不像航天飞机，发射一次要准备好几个月，还要有几千人提供勤务保障；它一机多用，可载人航天，也可采用无人驾驶，自动与空间站对接，并可作为太空作业平台及洲际客机；最重要的是，空天飞机的发射费用要比航天飞机便宜得多。

空间站

载人飞船实际上只是一种能载人的航天器，是在返回式卫星的基础上改造而成的。它内部空间狭窄，很难放开手脚，也无法进行大规模的科学实验活动，而且飞船上的生活用品也有限，航天员不能在太空中久留。为此，航天专家苦思冥想，终于研制出一种可供多名航天员访问、长期居住和工作的大型载人航天器。它如同星辰大海中一艘不落的"航天母舰"，能停靠多种载人飞船和货运飞船，为长期生活在那里的航天员提供生命保障物资，这就是空间站。

空间站可以作为其他小型航天器停泊和中转的基地。从空间站出发飞往其他星球，不再需要穿越地球大气层，因而不需要空气动力载荷，可大大减轻航天器的结构重量，节省许多能量。

空间站分成若干个功能舱，分别发射升空，在太空中组装完成，就像搭积木一样。空间站的基本组成有能源舱、太阳能电池阵、工作舱、生活舱、节点舱、姿态控制系统、通信系统以及对接系统等。通过节点舱，空间站可以进行改建和扩建，并与载人飞船、货运飞船等其他航天器进行交会对接。

图 6-3　空间站

空间站的发展历史

从 20 世纪 70 年代起，在半个多世纪里，空间站的发展经历了三个主要阶段。这三个阶段就像交响乐的三个乐章一样，展现了航天技术进步的辉煌历程。

第一阶段：1971 年—1976 年，苏联礼炮 1 号至礼炮 5 号。这一阶段的空间站具有实验性质，寿命不长，均采用由几个舱段组合而成的整体结构，用火箭一次性发射入轨。这一阶段的空间站只有一个对接口，每次只能与一艘飞船对接，一般对接客货两用飞船。这一阶段解决了空间站建设的许多重大技术问题。例如，在太空中也像在地面一样，有必要把卧室、工作场所与运输工具按各自的特点分隔开，从而解除各空间相互间的束缚，获得新的活力；航天员可轮流入住，在太空中生活若干天，这提高了空间站的利用效率。这类空间站虽然寿命较短，但也比以前的航天器有了较大进步。

图6-4　苏联礼炮1号空间站

　　第二阶段：苏联礼炮6号和礼炮7号空间站分别于1977年和1982年发射，加上1973年美国发射的天空实验室，构成了空间站发展的第二阶段，它们都是实用性质的空间站。

　　礼炮6号和礼炮7号在技术上有了很大进步，寿命也大为延长。第一阶段寿命最长的礼炮4号空间站也只工作了2年多，第二阶段的礼炮6号运行了5年，而礼炮7号则坚持了9年，是一座长寿空间站了。在第二阶段，空间站进一步提高了安全性和可靠性，延长了使用寿命。

图 6-5　苏联礼炮 7 号空间站

　　天空实验室是美国独立建造的唯一一座空间站，质量约 80 吨，外形大致为圆柱体，6 块太阳能电池帆板中有 4 块是较小的狭长条形，相互交叉成为"十"字形，就像是风车的旋转翼。天空实验室在离地面 430 千米的轨道上运行，设有实验室、生活区、食堂、厕所，还有专供航天员锻炼身体的健身房，适合 3 ～ 4 人同时入住。1973 年至 1974 年，天空实验室先后接待了 3 批共 9 人进入，开展了 270 多项科学试验，拍摄了 4 万多张地球照片和超过 18 万张太阳照片。

　　天空实验室原计划在太空中运行 10 年，但到了 20 世纪 70 年代末，由于太阳黑子活动加强，天空实验室运行轨道上的气体分子密度增加，空间站受到的阻力增大，导致其轨道高度下降速度比预计的要快得多。1979 年 7 月 11 日，天空实验室坠入大气层烧毁。

图 6-6 美国天空实验室

第三阶段：1986 年 2 月 20 日，苏联和平号空间站发射升空。和平号空间站的最大特点是有 6 个对接口，可供多艘飞船、航天飞机和有效载荷舱对接，组成庞大的空间组合体。和平号空间站像一套多居室住房，设有单独的卧室、书房和实验室等。和平号空间站的寿命长达 15 年，由核心舱、量子 1 号舱（用于天体物理研究等任务）、量子 2 号舱（用于公用支援）、光谱舱（用于对地遥感和生物医学研究）、自然舱（用于了解地球生态状况）、进步号货运飞船和联盟号载人飞船组成，全部对接在一起时的总质量约 233 吨。

和平号空间站采用"化整为零，逐步扩大"的方式建造。首先发射入轨的是一个核心舱，后续舱段一个接一个地发射到轨道上，与核心舱对接，形成由 6 个舱段组成的大型空间站，最多可同时容纳 6 名航天员在站内工作。

和平号空间站在离地面 350～380 千米高度的轨道上运行，用载人飞船接送航天员往返。航天员的生活必需品，科学研究用的仪器、材料、设备，发动机用的燃料，都由货运飞船运送。载人飞船在把航天员送入空间站以后，仍旧留在空间站上，与空间站一起绕地球运行，直到有航天员需要返回地面时，才脱离空间站，运送航天员返回地面。货运飞船在轨道上与空间站交会对接，卸完货物后，装载空间站产生的各种废物和垃圾，之后与空间站脱离，下降进入地球大气层烧毁。

由于苏联解体，和平号空间站每年 2 亿～3 亿美元的运行和维护费用，成为俄罗斯财政的一项沉重负担。1991 年 5 月，进入和平号空间站时，航天员谢尔盖·克里卡寥夫的国籍是苏联，返

图 6-7　和平号空间站

回地球后却变成了俄罗斯，他也因此被称为最后一个苏联人。由于缺乏经费，国内局势混乱，人们无暇顾及太空上的事情。当时，克里卡寥夫滞留在太空中，差点儿被遗忘了。他在和平号空间站上待了 311 天才回到地面，而此时他的身体已经受到了明显的伤害，整个人显得十分虚弱。进入 21 世纪后，和平号空间站已是"年老多病"，进入风烛残年。2001 年 3 月 23 日，它被迫坠毁在南太平洋的预定海域。

链接

为什么美国至今只发射了 1 座空间站？

在载人航天方面，苏联和美国曾开展了激烈的竞争。不过，苏联和美国在空间站的发展模式上采取了不同的战略，因而产生了不同的结果。苏联把发展空间站作为一项国策，采取了积极、慎重、稳妥和循序渐进的方式，最大限度地利用成熟技术，先后发射和运行了 8 座空间站，其中和平号空间站的成就尤其突出。美国由于最先在载人航天和空间站建设上都落后于苏联，因而采用了跳跃式发展的方式，将资源都投入到载人登月的竞争中。在空间站的建设方面，美国过于注重先进性，而忽略了连续性和继承性，所以至今只发射和运行过 1 座空间站——天空实验室。

空间站的主要功能

20 世纪六七十年代，空间站的构想一经提出，就引起苏联和美国两个航天大国的极大兴趣，均希望通过建立空间站来控制太空。当时，它们的主要目标是利用空间站能长期载人的优势，研究地球环境和太空环境，开发太阳系；利用空间站实现太空工业化，进行微重力研究以及材料、生物制品等的加工和生产；发挥航天员在观察、判断及处理意外事故等方面的主观能动性，在空间站上组装和维修各类航天器；建立太空物资补给和维修基地；以空间站为中转站，把航天员送往其他天体……

载人飞船和航天飞机的在轨停留时间通常只有 1 ～ 2 个星期。如果需要在太空长时间逗留，只能通过空间站来实现。空间站的用途主要包括：

（1）对地观测

通过可见光相机、微波辐射计、合成孔径雷达等探测设备，对大气、陆地、海洋等进行资源调查、污染检测、灾害预警。

（2）生命科学研究

太空环境与地面有很大差别，微重力和太空辐射条件下导致动植物的生长出现许多变化；失重条件下人的新陈代谢也会发生变化。如何采取措施，减少太空环境对人体健康的影响，开展航天生命科学研究，可以为今后人类在太空中的长期生活提供保障。

（3）材料加工及新药研制

在重力的作用下，流体中密度不同的成分会产生沉淀和对流，阻碍精确的分离和充分的混合，导致结晶过程产生缺陷。在失重条件下，可以大大提高电泳法制造生物药品的效率和纯度，生产出组成均一的合金和复合材料。液体状态的金属在失重条件下的表面张力，能自然形成圆球，制造出理想的球形滚珠。在太空中冶炼金属不需要使用容器，可以加热到极高的温度，不受容器耐热能力的限制，用微弱的静电力或电磁力即可移动它的位置。由于冶炼材料没有与任何容器接触，可以避免污染，纯度极高。

（4）天文观测

与地面天文台相比，空间站不受地球大气扰动的影响，能够观测到清晰的天文图像，精确测定天体的运动和方位。太阳辐射、高能粒子、太阳风等对地球环境和通信设备等有很大影响，因此，可以利用空间站观测太阳和太阳风，开展空间天气预报。

（5）在轨服务

空间站可以作为各类航天器的维修生产基地，提供更换仪器设备，加注推进剂，定期维修等服务。大型空间站可以通过分别发射组件，在太空中组装来建设。未来，也可以借助空间站，组装太阳能发电厂等大型空间设施。

太空中最大的基础设施：国际空间站

国际空间站是人类和平利用太空，开展国际合作最典型的案例，它的建造经历了三个阶段。

准备阶段（1994—1998年）。美国和俄罗斯的航天员在和平号空间站上，进行了9次联合飞行，研究并掌握国际空间站的组装和控制技术。同时，两国开始建立航天领域国际合作的规则和制度。

初期装配阶段（1998—2001 年）。在太空组装国际空间站，建立空间站的核心部分，使其拥有能容纳 3 人的初级能力。1998 年 11 月 20 日，俄罗斯首先发射曙光号多功能舱，它用于空间站的推进、控制、燃料储存，为空间站初期装配阶段提供电力保障，以及与服务舱进行交会对接。1998 年 12 月 4 日，美国发射团结号节点 1 号舱及增压对接适配器，提供与俄罗斯舱段之间的对接口。2000 年 7 月 12 日，俄罗斯发射了关键的星辰号服务舱，它主要用于空间站的环境控制，提供生命保障系统，并作为航天员的生活区。2000 年 10 月 30 日，首批航天员入住。2001 年 7 月 12 日，美国的航天飞机送来了气闸舱，标志着空间站第二阶段的建设任务正式结束。此时，空间站上已配备了开展各种科学实验的 13 个机柜，能提供 10 千瓦功率的一对太阳能电池板，具备支持 3 名航天员在轨工作和生活的能力。

最后装配及应用阶段（2002—2006 年）。从 2002 年开始，主要任务是完成国际空间站的全部装配，达到支持 6 ～ 7 名航天员长期在轨工作和生活的能力。

国际空间站的主要部件，分别由俄罗斯的质子号、联盟号运载火箭和美国的航天飞机这三种运载工具，分 45 次送入太空。但由于 2003 年初哥伦比亚号航天飞机失事，造成航天飞机长时间停飞，使这一阶段的进程被大大拖延了。

国际空间站主要包括基础衍架、居住舱、服务舱、功能舱、实验舱、节点舱及太阳能电池板等 36 个组件，总质量约 420 吨。国际空间站密封舱段的增压容积为 908 立方米，长 110 米，宽 85 米。太阳能电池板长 110 米，供电功率大于 110 千瓦。国际空间

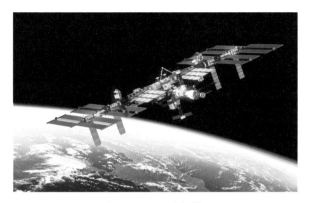

图 6-8　国际空间站

站在倾角为 51.6°、高度为 426 千米的轨道上飞行，覆盖 85% 的地球表面和 95% 的人口地带。国际空间站最多可同时容纳 15 人进行科学考察，设计使用寿命约为 15 年。

　　国际空间站由美国、俄罗斯、欧洲航天局各成员国、日本和加拿大等 16 个国家共同建造，从建造到运行直至退役的全部费用原预算 1047 亿美元，实际耗资达 1500 亿美元，美国承担总费用的 80%。美国国家航空航天局负责空间站的总体领导，并协调计划实施和发生紧急情况时的具体指挥。

　　由美国、日本、俄罗斯和欧洲航天局提供的实验舱，主要用于生物学、化学、物理学等基础科学研究，以及各种工程技术和应用研究。国际空间站还开展了新能源、自动化技术和下一代传感器技术的测试，为未来太空探索、开发和应用服务。

　　从 1998 年至今，经过二十多年的运行，国际空间站早已超期服务，各种设备性能严重老化，故障频发。由于空间站的运营合约于 2024 年到期，俄罗斯将从 2025 年起退出国际空间站，转而建造自己的空间站。美国虽然一再宣布将延长国际空间站的运行时间至 2030 年，甚至计划将其转为商用，但维持一个老旧的空间站，代价也是十分高昂的，国际空间站的谢幕是不可避免的。

中国空间站

中国空间站天和核心舱于 2021 年 4 月 29 日发射升空。从发射首个核心舱到空间站完全建成，需十几次发射，其中最主要部件分三次发射，分别为天和核心舱、问天和梦天两个实

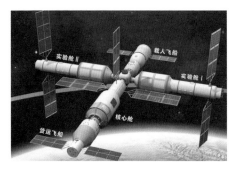

图 6-9　中国空间站的系统组成

验舱。不久之后，中国空间站将正式建成，计划在轨运行十年以上。空间站运行中可能会遇到许多空间碎片，因此在设计时重点考虑了空间站的可维修性。对较大的碎片进行机动规避，对 10 厘米以下的较小碎片，则选择"硬扛"。中国空间站设计了完整的可再生生命保障系统。空气中的水蒸气会通过冷凝的方式回收，航天员排泄的尿液也会回收净化，重新作为饮用水和生活用水使用。

（1）天和核心舱

天和核心舱全长约 16.6 米，最大直径约 4.2 米，发射质量约为 22.5 吨。核心舱模块分为节点舱、生活控制舱和资源舱。

主要用于航天员的长期在轨驻留，支持飞船和扩展模块对接

停靠，并开展少量的空间应用实验，是中国空间站的管理和控制中心。天和核心舱有五个对接口，可以对接一艘货运飞船、两艘载人飞船和两个实验舱，另有一个供航天员出舱活动的出舱口。

（2）问天和梦天实验舱

问天和梦天实验舱全长均约 17.9 米，最大直径均约 4.2 米，发射质量各约 20 吨。实验舱 II（梦天）以应用实验任务为主，实验舱 I（问天）兼有应用试验和空间站组合体控制双重功能。实验舱 I、II 先后发射，具备独立飞行功能，与天和核心舱对接后形成组合体，除了开展科学研究外，还能对核心舱的平台功能予以备份和增强。

（3）天舟系列货运飞船

天舟系列货运飞船最大直径约 3.35 米，发射质量不大于 13 吨。货运飞船是空间站的后勤保障系统。主要用于补给空间站的推进剂、空气，运送需要维修和更换的设备，延长空间站的在轨寿命；运送航天员所需的工作和生活物资；运送空间科学实验设备和用品，以支持和保障较大规模的科学实验与应用的开展。

天舟系列货运飞船采用模块化设计，具有全密封货舱、半密封 / 半开放货舱、全开放货舱三种构型，可以把不同的载荷甚至小型舱段运上去，由航天员和机械臂将其装配到空间站上。

（4）航天员

中国的航天员大多是从现役空军飞行员中选拔，主要承担航天器驾驶任务。在空间站上开展科学实验，不仅需要航天员有良好的身体素质，还要有较强的技术能力和较高的科学素养。因此，科学型航天员也正在选拔和培养中。

报警系统和预警系统双重保障

空间站建成后，航天员需长期在轨工作和生活，所以在空间站内部特别设计了一套声光电报警系统。一旦发生故障，可以及时通报航天员进行处置。

除此之外，为保障航天员的安全，地面也配置了预警设备，对空间站进行实时监测。一旦发生故障，地面也能及时进行处置。有了报警系统和预警系统的双重保障，即便在太空中，航天员也能与地面人员同步作息。不再需要专门安排一名航天员不睡觉来进行监测。

中国空间站还将单独发射一个十几吨的光学舱，与空间站保持共轨飞行。光学舱里将配备一套口径 2 米的巡天望远镜（简称 CSST），分辨率与哈勃太空望远镜相当，视场角是哈勃太空望远镜的 300 多倍。预计在轨运行 10 年，可以对占全天约 40% 以上，约 17500 平方度的天区进行巡天观测。

太空加油机

虽说太空中接近真空状态，但近地轨道空间站在运行过程中，还是会受到残存大气的阻力，轨道高度会逐渐降低。由于空间站携带的推进剂有限，一旦"弹尽粮绝"，岂不是会一头撞向地球？

　　为了避免这种状况，让空间站维持在一定的轨道高度，延长其在轨工作寿命，就需要及时补充燃料，"太空加油"技术便应运而生了。太空加油，又称推进剂在轨补加，这是空间站建设的标配。

　　我们知道，飞机要实现空中加油尚且不容易，要给空间站进行"太空加油"更绝非易事。作为空间站技术的先驱，俄罗斯（苏联）最早研究并实现了太空加油技术。俄罗斯的太空加油技术被称为压缩机法，最早的进步号货运飞船带有4个橡胶隔膜加贮箱，其中2个装燃料，2个装氧化剂。当飞船与空间站对接成功后，它们的推进剂加注管道就会自动连接，并检查密封性。然后，空间站上的压缩机会将被补加贮储箱里的氮气压缩到高压气瓶中。而飞船则通过高压氮气给加贮储箱加压，这样一来，推进剂就被推送到了空间站上的被补加贮箱中。推进剂补加过程由地面或空间站控制，为避免推进剂泄露的危险，需先加注燃料，再加注氧化剂。

　　美国的"轨道快车"太空加油计划则采用了泵输送法。这种方案在实施时，需要先连接飞船的加贮箱气腔与空间站的被补加贮箱气腔，当2个气腔实现压力平衡后，用泵把推进剂送入被补加贮箱。压缩机法的缺点是质量大、能耗高，而泵输送法则克服了这些缺点，且适用于各种航天器。

第7章

月球与深空探测

　　深空是多远的宇宙？一般来说，脱离地球引力场之后，就进入了深空。如月球探测就已经算作深空探测了。但也有人认为，地球引力场的影响是无法摆脱的，只是在深空里，地球引力发挥的作用比较小。深空探测的主要目标是各种地外天体，包括太阳系里的各大行星及其卫星。深空探测是为人类进入更深的宇宙做准备，目的是发现值得探索乃至定居的星球。

月球探测

　　月球是离地球最近的天体，也是夜空中最明亮的天体。自航天活动之初，人类就已经把目光投向了 38 万千米以外的月球。苏联是最先开始进行月球探测的。从 1959 年开始，苏联发射了多个月球探测器。其中，月球 1 号第一次近距离掠过月球，获得了距月球约 5000 千米处拍摄的照片。月球 3 号史无前例地绕到了月球背面，它发回的照片让人类第一次看到了月球背面满目疮痍的景象。月球 9 号首次在月球上软着陆，拍回第一批月球表面的全景照片，使人类了解了月表的物理化学特性，从此，人类才真正确信月球表面没有海洋，是固态的。1970 年，苏联的月球车 1 号在月面行驶，行驶了 10.7 千米，实现了人类第一次月面控制驾驶和自动巡视。1973 年，苏联的第二辆月球车在月球上行走了 37 千米。同时期，美国也相继发射了徘徊者号、勘探者号和月球轨道器号等一系列探测器考察月球。1961—1972 年，美国还实施了阿波罗登月计划。

　　1998 年，美国勘探者号进行了环月考察，证实了月球上有丰富的矿产资源，推断月球两极存在储量达上亿吨的水冰，为人类

图 7-1　月球 1 号探测器

开发月球带来了福音。截止到 2022 年，人类已进行了 130 多次月球探测任务，实现了对月球的掠飞、环绕、着陆、巡视、取样返回，以及载人登月，获取了大量的科学成果和实践经验。

中国探月工程

我国月球探测工程起步较晚，首先要做的是借鉴国外月球探测的经验和教训。站在前人的肩膀上，可以看得远一些，但是如何站得稳，站得好，站得更高，走出我们自己的创新之路，才是我们应该而且必须考虑的问题。

中国探月工程采取短期目标与长远目标相结合，循序渐进与分阶段发展相结合，各阶段互相有机衔接的发展策略。中国科学家优选具有先进性和创新性的探测目标，形成自己的特色，力求高起点进入国际探月先进行列，并作出应有贡献。

1960—1994 年，通过系统调研苏联和美国月球探测的进展，综合分析月球探测的技术进步和研究成果，总结与展望月球探测的走向与发展趋势，进行了 35 年的跟踪研究与技术积累。

1994—2003 年，经历了长达 10 年的科学目标与工程实现的综合论证，提出了我国月球探测的发展战略与远景规划，系统论证了首次绕月探测的科学目标、工程目标和立项实施方案。

2004 年初，国家批准月球探测一期工程——绕月探测工程立项实施。之后，月球探测二、三期工程相继列入《国家中长期科学和技术发展规划纲要（2006—2020 年）》的重大专项，开展论证和组织实施。

　　中国的月球探测分为"探""登""驻"三大阶段，分别为探月、登月、驻月。我国目前开展的探月工程属于"探"的阶段，即不载人月球探测阶段。不载人月球探测阶段又分为"绕""落""回"三期进行实施："绕"是指发射绕月卫星，对月球进行全球性、整体性和综合性探测；"落"是指发射着陆器和月球车，在月球表面软着陆，对着陆区进行精细探测和月球车巡视勘察；"回"是指发射着陆器和返回器，进行就位探测，并采集关键性样品返回地球，进行系统、全面和精细研究。

　　嫦娥一号是中国第一颗月球探测器，属于探月一期工程。

　　嫦娥二号是嫦娥一号的备份星，在嫦娥一号任务圆满成功之后进行了适应性改造，成为探月二期工程的先导星。

　　嫦娥三号包括着陆器和月球车，是探月二期工程的主任务。

　　嫦娥四号是嫦娥三号的备份星，属于探月二期工程，实现了人类航天器第一次登陆月球背面。

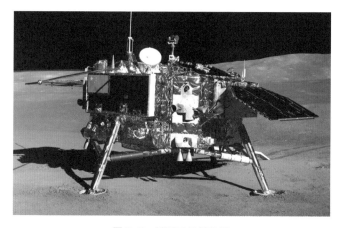

图 7-2　嫦娥三号着陆器

嫦娥五号属于探月三期工程，实现了月球正面采样返回。

嫦娥六号是嫦娥五号的备份星，在嫦娥五号成功之后，进行适应性改造后，开展新的探测任务。

目前，中国探月工程四期已经获得国家批准立项，将实施更多探月任务，实现航天器登陆月球南极等一些科学目标。

图 7-3　嫦娥一号月球探测卫星示意图

绕月探测：探月一期工程

研制和发射我国第一个月球探测器——嫦娥一号月球探测卫星，目的是对月球进行全球性、整体性与综合性探测。绕月探测的工程目标是：突破与验证月球探测的关键技术，如轨道设计与飞行过程的精确测控技术、卫星姿态的三矢量控制技术、卫星环境适应性的热设计与热控技术、远距离测控与通信技术等；初步建立我国月球探测工程大系统，获取月球探测的工程实践经验，为未来探测积累技术基础；初步建立我国月球探测技术研制体系，培养人才队伍，推动月球探测活动的进一步开展。

2004 年是绕月探测工程启动年，完成了模样设计；2005 年为工程的攻坚年，突破了关键技术，完成了初样产品；2006 年是工程的决战年，完成全部正样产品并待命出厂；2007 年为工程的决胜年，嫦娥一号卫星首发成功，为未来月球探测打下了坚实的基础。

绕月探测的科学目标包括：获取全月球三维立体影像，进行月球的地形地貌、表面年龄、地质构造和演化历史的研究；探测 14 种元素和主要矿物类型的含量并绘制全球分布图，获取岩石类型的分布，评估月球矿产资源的开发利用前景；研究月球的化学组成与化学演化，为月球形成和演化历史研究提供新的科学依据；首次用微波辐射技术测定月球表面的亮度温度，研究月球土壤的特征和厚度，获取月球表面年龄，研究月壤的形成和演化，估算月球表面可控核聚变原料氦 -3 的分布及资源量；探测地球到月球之间 4 万～ 40 万千米的太空环境，探测太阳宇宙射线、高能带电粒子和太阳风等离子体与月球的相互作用，为太空环境研究提供新的科学数据。

嫦娥一号的奔月轨道，经历了 4 个阶段。

初始轨道段：长征三号甲运载火箭将嫦娥一号卫星准确送入环绕地球的同步转移轨道，轨道的近地点与远地点分别为 200 千米和 51000 千米，轨道倾角 31°，轨道周期 16 小时。

调相轨道段：通过卫星上的发动机在远地点的一次点火和近地点的三次点火，调整轨道，先后变轨为近地点 600 千米与远地点 71000 千米、近地点 600 千米与远地点 121000 千米的调相轨道，轨道周期分别为 24 小时和 48 小时。最后一次近地点变轨，将飞行轨道调整为近地点 600 千米，远地点 380000 千米，使卫星进入地月转移轨道。

地月转移轨道段：嫦娥一号在地月转移轨道内进行 2～3 次轨道修正，历经 114 小时到达近月点。通过三次减速机动，使其被月球捕获并最终进入预定的环月轨道。

环月轨道段：嫦娥一号绕月飞行的工作轨道，为通过月球两极的圆轨道，平均高度 195.464 千米，偏心率 0°，倾角 90°±5°，周期 127.164 分。约 2 小时绕月 1 周。

为了应用好嫦娥一号获得的科学数据，绕月探测工程领导小组专门组织了包括香港特区、澳门特区、台湾地区在内的国内近 70 所大学和 30 个研究院所的专家学者，成立了绕月探测科学应用专家委员会，参加月球探测数据的科学和应用研究，培养人才队伍。并在全社会广泛传播月球探测的科学知识、科学方法、科学思想、科学精神，激发全民族创新精神，促进科学普及。

月球软着陆：探月二期工程

月球探测二期工程的核心是实现着陆器登陆月球，并进行科学探测。探月二期工程具有承上启下的重要作用，技术目标包括：突破月面软着陆和巡视等关键技术；研制和发射着陆器和巡视器，带动新材料、新工艺、新型电子元器件、先进制造业、现代电子信息产业等领域的自主创新，促进相关产业和技术的发展；建立基本配套的月球探测航天工程系统，建立覆盖火星探测能力的测控通信和数据接收网，提升我国深空探测的系统集成能力，实现航天技术的跨越式发展。探月二期工程的科学目标包括：调查月表形貌与地质构造；调查月表物质成分和可利用资源；调查月球内部结构；探测日—地—月空间环境，开展月基天文观测。利用月球及地月空间的科学探测数据，取得一批原创性的科学成果，带动空间天文学、空间物理学、空间化学、材料科学等学科的发展，催生一批边缘和交叉学科。

月球采样返回：探月三期工程

月球探测三期工程的主要目标是发射着陆器和月球车，进行就位探测，并采集关键性样品返回地球，进行系统、全面和精细研究；建立月球探测工程大系统，包括新一代运载火箭、探测器、新的发射场、深空测控网和地面应用系统；验证月球表面就位探测、钻孔取样和返回地球的相关技术，为后续月球与深空探测奠定技术基础。

在基本完成不载人月球探测任务后，我们将根据国际形势和我国的国情、国力，积极参与国际合作，和平利用空间，未来还将逐步实施载人登月和月球基地建设，使月球成为人类对地球的气候、环境、生态和灾害的监测预报基地，新兴科学的研究基地，新材料和生物制品的研制基地，深空探测的前哨站和转运站；月球的资源、能源与特殊环境的开发利用前景，将为人类社会的可持续发展作出重要贡献。探测月球、开发和利用月球，将造福全人类。

从嫦娥一号到嫦娥五号，探月工程取得了很多成果：取回了1731克月球土壤样品；建成了可用于深空探测的工程系统，培养了一支精干的人才队伍，形成了追逐梦想、勇于探索、协同攻坚、合作共赢的探月精神。

当我们知道要面对一件极其困难的事情，也清楚这是一件极其重要的事情，我们需要的是坚定不移地向着目标前进，既明白前路坎坷，更要勇往直前，这就是中国人走出自己的探月之路的精神所在。

月基天文观测

探月工程从 2007 年的嫦娥一号开始，已经经过了 15 年的研制与建设，取得了一系列技术进步与科学发现。其中的多项技术和仪器均有较强的创新性。这里以嫦娥三号上的月基望远镜为例，说明探月工程对科技创新的带动作用。

2013 年 12 月 2 日发射的嫦娥三号结合了月球着陆和月面巡视的特色，以观天、探地、测月为科学目标。其中，观天的科学目标是由安装在着陆器上的月基望远镜完成的。

月基望远镜由中国科学院国家天文台与中国科学院西安光学精密机械研究所合作研制，目的是对各种天文变源的亮度变化进行长时间连续观测，并把数据传回地球，这就是"巡天"。在月球上开展天文观测是很多天文学家梦寐以求的事情，地球上的天文观测受地球大气扰动和地球运动的影响，观测条件、观测精度和观测对象有许多限制，而月基望远镜却有着特殊的优势。

首先，月球上没有空气，属于超高真空，在月球上观测星空不会受到大气折射、散射和吸收的影响。月球的自转周期长达 27 天，其中一半是白天，一半是黑夜。即使是白天，天也是黑暗的

（因为没有大气层散射太阳光），因此可以长时间连续观测，使我们能够观测到望远镜视野所及的全部天空，并对很暗的天体进行长时间观测。月球没有大气，不会对某些谱段电磁波进行吸收，因此月基望远镜可以接收到来自遥远星空的信号，实现全波段天文观测。

其次，月球是一个稳定的天文观测平台。阿波罗登月探测结果表明，月震释放的能量只有地震能量的一亿分之一，月震产生的位移只有约十亿分之一米。这样的稳定性对光学、射电、红外波段的观测极为有利。由于月球本身就是一个稳固的观测平台，因而望远镜可采用结构简单、造价低的安装、指向和跟踪系统，这一点比处于失重状态的天文卫星要有利得多。

最后，由于月球远离地球，它受到人类活动的影响和地球本身各种运动的影响，远比人造卫星小得多。月球上没有光污染，属于天文学家梦寐以求的漆黑天空。由于月球的自转周期和它绕地球的公转周期恰好相等，因此它总以同一面对着地球，月球背面没有手机、电视等无线电信号的干扰。如果我们把天文望远镜，特别是射电望远镜放到月球背面，那里纯净的电磁环境对射电观测极为有利。除此之外，月球南北极的有些深坑底部太阳永远照射不到，是一片永久黑夜区，温度常年维持在零下230℃左右，对在极低温条件下才能实现的红外天文观测非常有利。

1972年，阿波罗16号航天员曾在月球上安装过一台口径为3英寸（约76毫米）的施密特望远镜，终端仪器是远紫外相机/摄谱仪，用来观测地球、星云、星团和大麦哲伦星系。整个系统安装在一个简易的三角架上，放置在登月舱的影子里，以避免白天温度过高导致系统过热。受当时探测手段和技术条件限制，这台望远镜对天文学发展的贡献有限。但它在月球上拍摄的大麦哲伦星系的照片证实了天文学家的推断——月球是进行天文观测的理想场所。

嫦娥三号着陆器上的月基望远镜，口径为 15 厘米，焦距 200 毫米，主要在极紫外波段开展天文观测，探测手段和性能指标较之前的望远镜有了显著的提高。月基望远镜由望远镜主体、反射镜转台组成，总质量 13.5 千克。

着陆之后，月基望远镜在月球白天工作，黑夜不工作，能观测到亮度高于 6 等的天体；能定向指向指定天区。

月基望远镜可适应月面反射光、尘埃、白昼高温、黑夜低温等特殊环境，能够适应着陆器发射段、地月转移段、环月段、动力下降段、着陆冲击时和月球表面工作时的机、电、热环境。望远镜还具有一定的防尘措施，它的曝光时间也可调。

当然，月基天文观测也有缺点。在地球上，由于大气的存在，小的流星体将被烧成灰烬。而月球上没有大气层作为"防护罩"，望远镜遭受流星体撞击的概率大大增加。另外，地球磁场可以屏蔽大量宇宙射线和太阳风，而月球没有磁场，望远镜的光学和电子部件受到高能粒子破坏的概率也相应增加。因此，月基天文观测的各类设备需进行防护和加固，才能保证正常观测。

为什么要探测月球?

在中国探月工程刚起步时,社会上有很多不同的声音,有一些人质疑开展月球探测的必要性。当然,这些反对意见值得尊重,因为每个人都有权发表自己的看法。一个多元、包容的社会,要容得下、听得进不同的观点,这本身就是社会进步的重要体现。

观点一:外国都不探月了!我们为什么还要探月?

外国真的不探月了吗?事实并非如此。实际上,世界上有深空探测能力的国家都先后开展了月球探测,中国起步相对较晚。

20世纪90年代以来,世界各国实施的探月任务包括:美国克莱门汀号(1994,轨道器)、月球勘探者号(1998,轨道器),欧洲智慧一号(2003,轨道器),中国嫦娥一号(2007,轨道器)、嫦娥二号(2010,轨道器,探测月球、日地引力平衡点拉格朗日 L2 点、飞越小行星,目前还在太阳系深空飞行)、嫦娥三号(2013,着陆器和月球车)、嫦娥四号(2018,着陆器和月球车)和嫦娥五号(2020,采样返回),日本月亮女神号(2007,轨道器),印度月船一号(2008,轨道器),美国 LCROSS 和 LRO 探月任务(2009,前者为撞月探测器,后者为轨道器),GRAIL

探月任务（2011，由两颗小卫星组成），LADEE 探月任务（2013，主要是为了探测月尘）。

观点二：探月是浪费钱，对社会进步没有用。

太空探索具有重要意义。科学上，可增加人类对未知世界的了解，扩大人类的知识库。技术上，太空探索是高技术密集的行业，考验的不只是材料、通信等单项技术，更是国家的整体技术水平和工业能力。开展太空探索，可以牵引高技术产业的进步，并将相关技术向民用转化，改善和提高人们的生活质量。这方面有很多例子。

例如，为了满足航天员在狭小封闭空间内的长期生活，需要研发健身娱乐、洗漱卫生、食品保鲜、营养配方、健康监控、心理疏导、生命保障、空气和水的循环利用等技术，许多轻小型、便携式、易操作的商业化产品由此产生，极大地方便了我们的日常生活。

往更大的方向说，任何一个太空探索任务的成功实施，都有赖于自主导航、遥测遥控、计算机软硬件、材料、结构、工艺、热控、电源、光电子器件等的整体研发能力，涉及一系列高技术领域，一旦某个环节有短板，又无法通过进口加以解决，该任务就很难成功。这也是为什么世界上只有大国才能发展航天的原因，因为这不仅是钱的问题，更是对国家技术体系的能力水平和完整性的检验。

链接

太空探索的社会价值更是无法衡量的。太空探索有助于提升整个社会的创新能力。青少年应该有探索太空的勇气。我们要激发青少年对未知世界的好奇心，鼓励他们接受挑战、勇于探索，因为他们才是中华民族未来的希望所在。

月球基地

月球基地的选址，既要考虑进行科学研究的需求，又要考虑工程建设的可行性。在科学上主要考虑：月球基地及其周围要有特殊的科研价值，例如重力场异常区、反射率异常区，区域地质背景复杂、多样；为便于开发月球资源，供应月球基地的建设和运行，月球基地应选择在月球资源、能源的富集区，例如钛铁矿、氦-3、放射性元素富集区等。

在工程上主要考虑：月球基地的地形坡度、石块分布、撞击坑分布，评估着陆安全性；月球基地的太阳辐射能量密度，评估月球基地太阳能供电的可行性；月球基地移动平台与基地中枢之间及月球基地与地面站之间的测控、通信、导航的可行性，为月球基地正常运作提供通信保障；充分考虑月球基地及其周围区域的能源、资源、土地等制约因素，评估月球基地的可持续发展前景，为基地分阶段扩展提供依据。

月球基地要适应的特殊环境，主要包括辐射和微陨石撞击等。

（1）辐射防护

由于缺乏磁场偏转和大气衰减，月球上的宇宙射线的能量和通量远高于地球。为保证月球基地能长期工作，除了对航天器在发射和飞行阶段进行辐射防护外，还要对月球基地进行特殊防护。

月球表面辐射类型主要包括高能宇宙射线和太阳风两种类型。其中，高能宇宙射线的能量高达 1×10^9 电子伏特。据估算，防护这种能级的宇宙射线需要厚达 1 米的铅板，才能达到对人体无害的防护效果。太阳耀斑粒子的能量大约在 1×10^6 电子伏特，防护这种辐射需要用金属单质进行导电设计。

（2）微陨石撞击防护

由于没有大气层的烧蚀作用，月球表面遭受各类陨石和微陨石撞击的概率远高于地球。为此，月球基地需进行防陨石撞击的设计。

图 7-4　月球基地示意图

月球基地的科学研究

月球特殊的空间位置，特殊的表面环境，月球基地特殊的地质背景，对研究地月系和太阳系的演化、地球气候变化等问题具有非常重要的意义。未来，月球基地的科学研究系统主要由月球科学研究平台、对地观测和天文观测平台、基础科学实验平台三部分构成，以研究上述重大科学技术问题为目标。

月球科学研究平台，主要用于研究关于月球本身的科学问题。月球没有大气层，其所处位置远离地球磁场，有利于观测小天体撞击、高能粒子、宇宙射线等。同时，月球自身地质活动已经几乎停止，保留着月球以及地月系演化的重要线索，对研究地球演化等科学问题具有重要价值。月球基地可以开展对月球本身的长期观测与研究，如月震（含小天体撞击引发的月球振动）、月球热流、月面环境监测（温度、高能粒子、低能离子）等。

月球对地观测和天文观测平台，主要是把月球作为对地和对天的观测平台。从月球上看地球，虽然空间分辨率不高，但可以将整个地球纳入视野，作为一个整体加以研究，对研究地球的全球性变化很有意义，如地球的辐射收入和支出、地球岩石圈中的固体潮汐、板块运动等。

月球基础科学实验平台主要利用月球表面特殊的环境，研究生物、制药等生命科学领域的关键问题，主要包括特殊材料研制（超导材料、金属合金、纳米材料等），生物制品和高纯度药物的研制等。

火星探测

火星是离地球最近的地外行星之一（金星有时候离地球更近些），也是和地球最相似的一颗行星。探索火星的计划一直寄托着人类移居另一个星球的梦想。1962 年 11 月，苏联发射了第一个火星探测器火星 1 号，标志着人类的太空活动已从地球附近向整个太阳系扩展。1975 年，美国的海盗号（也译作维京号）着陆器成功着陆火星表面，使人类第一次看到了这颗红色行星的真实面目。

从火星冲日说起

太阳系是我们的家园，地球是太阳系中的一颗行星。在太阳系中，按照距离太阳由近及远排列，地球是第三颗行星，火星是第四颗行星，它们都绕着太阳转。虽然，以大小比较，金星的体积约为地球的 80%，是与地球大小最接近的行星。而以相似性而言，火星才是整个太阳系中与地球环境最相似的行星，因而也是最吸引人前往探索的星球。

在古代，不管是东方还是西方，人们大多把火星当作不祥的象征，因为它的颜色是红色的。在西方神话中，火星被视为战神，代表着战争、血腥和灾难。

火星冲日是一种常见的天文现象，每当天空中火星和太阳分处地球的两侧，太阳、地球、火星在一条直线上时就会出现。火星冲日前后，黄昏时，太阳刚一下山，火星就从东方的天空升起。黎明前，火星刚从西方的天空落下，太阳就升起来了。这就好似肩上的扁担，一头翘起，另一头就会落下。深夜的时候，太阳在我们脚下的另一个半球，火星恰好在头顶的正上方，相当于整夜都可以看到火星。只要天气晴好，夜幕降临后，面向东方，你就会看到地平线上升起来一颗亮星，就像一颗红宝石，镶嵌在黑色的天幕之上，熠熠生辉。

火星冲日的时候，是从地球上观测火星的最佳时期。航天时代以前，每逢火星冲日，全世界的天文学家都会把望远镜对准火星。1610 年，伽利略把望远镜第一次对准了火星，但他的望远镜实在是太简陋了，似乎没有留下什么可用的证据，这也说明他当时没有获得什么发现。毕竟，从地球上观测火星还是太远了。

很多人在介绍天文现象时，经常会用"多少年一遇"来说明它的罕见性。2020 年 10 月 14 日，是 26 个月一遇的火星冲日。至于观测火星的时机，其实不限于火星冲日这一天，冲日前后的两三个月，都是从地球上观测火星的好时机。2020 年整个 10 月，火星都是夜空中最亮的那颗星，长时间可见。通过普通的天文望远镜，我们就能看到火星的红色表面、明暗变化，还能看到白色的极冠。运气好的话，或许还能识别出长达 4500 千米的水手峡谷。

时至今日，仍然有一种说法认为，火星冲日和个人运势有某种关系，从科学的角度来看，这是没有任何道理的。火星冲日时，地球和火星这两颗行星在太阳的同一侧，都朝着太阳的方向，这是一种周期性出现的自然现象。就像操场上跑步的两个同学，不管谁快谁慢，谁多跑几圈，总有机会出现两人并肩跑的情况。

你可能听说过"水逆"，也就是水星逆行，其实火星也会出现逆行。如果长期观测火星，就会发现它在天空中的轨迹（黑暗的夜空中没什么参照物，行星的运行轨迹是相对于恒星组成的背景图案而言的）很是诡异。大多数时候火星是往前走（顺行）的，有时停住不走了（留）；滞留一段时间后，又开始后退（逆行）；退了一段时间，又开始往前走了。行星逆行是很常见的天文现象，从地球上看，太阳系的所有行星都会出现逆行，但这只是我们从地球上看事物的直觉，并不符合客观事实。如果站在太阳系上方俯视，你会发现，火星不会逆行，水星也不会逆行，所有行星都不会出现逆行。这是因为，其他行星和地球一样，都绕着太阳逆时针公转，只是它们到地球的距离有时远、有时近。

火星冲日、火星逆行、水星逆行等，都是常见的天文现象，与国家和个人的命运没有任何关系。我们在地球上的生活主要受太阳的引力和辐射的影响，其他行星的引力、辐射，对我们基本没有影响。即便有，月亮对人类的影响也要远远大于那些遥远的星球，就像莎士比亚曾经说过那样："掌握我们命运的不是星座，而是我们自己。"

天问一号

在太阳系中，火星与地球的环境最相似，是深空探测的重点。世界各国已经开展了 40 多次火星探测任务。现在，中国开始了追赶的步伐。2020 年 7 月 23 日中午 12 时 41 分，中国在海南文昌航天发射场发射了天问一号火星探测器，正式开启了中国行星探测计划。

《天问》是约 2300 年前我国浪漫主义诗人屈原写的一首长诗，表达了中国人对天地万物和人类社会等自然现象的好奇，展现了中华民族不畏艰难、追求真理的决心和意志。"揽星九天"是我国首次火星探测任务的标识，也是中国行星探测计划的整体标识。标识展现了八颗行星环绕太阳运行的轨道，意味着中国不仅将探测火星，还将探测其他行星及其卫星和小天体。在天问一号之后，未来还会有天问二号、天问三号、天问四号对火星和太阳系的其他天体进行探测。

图 7-5 中国行星探测工程的标识。一条条开放的椭圆形轨道，构成了独特的字母"C"的形象，包含了三层含义，一是"China"（中国），代表中国行星探测计划；二是"Cooperation"（合作），代表"协同攻坚、合作共赢"的航天精神；三是"C3"，行星探测工程设计中最重要的物理量，是深空探测运载能力和探测器到达地外天地能力的重要表征

中国火星探测工程是在探月工程五战五捷的基础上实施的，天问一号三步并作一步走，通过一次任务，实现对火星的环绕、着陆、巡视三大目标，步子跨得更大。天问一号继承了我国月球探测时使用的一些成熟技术。比如，天问一号在最后阶段登陆火星时，采用了像嫦娥三号那样火箭反推以及四条着陆腿的方式。

月球探测和火星探测存在明显的不同。比如，月球上没有大气，登陆月球靠发动机反推就可以实现减速，但火星就不同了，登陆火星需要穿越大气层，经历"黑色七分钟"。首先，利用大气提供的阻力，摩擦减速，就像流星划过夜空。然后，打开降落伞，进一步利用大气阻力减速；最后，发动机短暂工作，通过反推进行减速。多种减速方式综合使用，才能成功实现登陆火星。由于探月工程的成功实施，我们在开展火星探测时更自信了。

以前，在大海中航行的船只，根据晴朗夜空中的星星确定航向。在茫茫宇宙中飞行的火星探测器，则是根据地球、太阳、恒星的相对位置变化，确定出自己所在的位置，实现导航，精准地瞄准火星。登陆火星表面后，火星车上下坡的时候，通过观察太阳的方位，感应重力的方向，计算自己的姿态，评估安全性。火星车还可以通过观察火星表面的山峰和石块等显著标志，确定行驶路线。

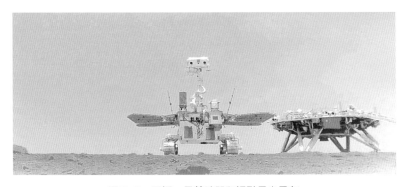

图7-6　天问一号着陆器和祝融号火星车

天问一号发射之后，从地球所在的"三环"，飞向火星所在的"四环"，成为一颗环绕太阳飞行的人造行星，在追逐火星的旅途中飞行。由于深空飞行没有阻力，航天器巡航期间不需要消耗燃料，就能维持原有速度，实现无动力飞行。在天问一号上，安装了推力为 3000 牛、120 牛、25 牛的各类发动机，以精确控制航天器的飞行姿态和方向，帮助它始终瞄准火星，不偏离航线，最终成功抵达火星。一路上，这些发动机一共要经历六次点火工作。

2020 年 8 月 2 日，第一次轨道修正。在离地球超过 300 万千米的深空中，推力为 3000 牛的主发动机开机工作，历时 20 秒，修正了天问一号的飞行轨道，让它精确地按照设计好的轨道飞行。

2020 年 9 月 20 日，第二次轨道修正。在离地球约 1900 万千米的深空中，天问一号上的 4 台发动机（每台推力为 120 牛），同时点火工作，持续 20 秒。由于轨道修正的幅度很小，所以不需要用到主发动机，用小推力发动机即可实现。

2020 年 10 月 28 日 22 时，第三次轨道修正。在离地球 2940 万千米的深空中，天问一号又有了新动作。推力为 3000 牛的主发动机再次点火，持续工作 8 分钟，这次轨道调整的结果，是把探测器所在的轨道，从地球所在的轨道，转移到了火星所在的轨道。

2021 年春节前夕，天问一号经历了关键一刻。2 月 10 日，经过半年多的长途飞行，飞越 4 亿多千米，天问一号抵达火星。它与火星在太阳系的"四环路"上相遇，推力为 3000 牛的主发动机进行了一次时间更长的点火，经过刹车减速，被火星的引力捕获，成为火星的人造卫星。这次刹车尤为重要，直接决定了火星探测任务的成败。

在近火轨道，主发动机再次点火，调整飞行轨道，为登陆火星做好准备。经过轨道调整，天问一号于2021年5月15日早晨成功登陆火星，中国由此成为世界上第二个实现航天器成功登陆火星的国家。

在深空探测任务中，地球上的地面站与探测器之间的通信，是通过无线电波实现的，传播速度为光速，每秒30万千米。月球到地球的平均距离为38万千米，所以，地面站与月球探测器进行通信时，几乎感觉不到延时，可以在地球上实时控制探测器的运动。不同的是，地球到火星之间的距离是变化的，距离最近的时候约为5500万千米，最远的时候，也就是火星与地球分别位于太阳的两侧时，两者之间的距离达到4亿多千米。就像两位运动员在相邻的赛道上绕着运动场跑步，两人之间的距离，有时只相当于跑道的宽度，有时却相当于整个运动场的直径。因此，地面站与火星探测器的通信，面临着长达数分钟到十几分钟的延时，从地球发出的指令，到达探测器最长需要22分钟。因此地球上无法随时控制探测器。

如果要求探测器在特定时间执行命令，地面站就要提前发出指令，探测器只有在收到指令后，才能在规定的时间执行。天问一号抵达火星时，无论探测器出现什么意外情况，地面站都要在十几到二十几分钟之后才能知道出问题了。地面站经过研究之后，制定探测器的应对方案，生成处置命令发给探测器。十几到二十几分钟后，探测器才能收到这个命令。半个多小时到四十多分钟后，地面站才能知道探测器执行的指令是否有效。

由于火星探测器的通信延迟，在大部分情况下，天问一号，特别是祝融号火星车，都按照既定的程序工作。同时，它还必须具备一定的自主处置能力。遇到简单的问题时，进入故障分支，通过预先设定的方案自己解决。遇到复杂的问题不能自己解决时，探测器会进入安全模式，把不必要的设备关闭，然后等待地面指令。地面控制中心收到探测器的故障情况，会根据故障预案进行处置；遇到特别复杂的情况，还需要在地面模拟出现的故障，看看处置办法是否有效，研究后再进行处理。

遥望火星移民

进入航天时代以来，探测器可以飞到火星的附近，甚至登陆火星表面。现代人对火星的认识，绝大部分已经与天文望远镜无关，这主要得益于火星探测器得到的结果。火星探测的结果发现，火星上曾经有江河湖海，有过浓密的大气层，它的气候曾经温暖湿润，很适合生命的发育。即便现在的环境已经恶化，成为一颗荒漠行星，但它仍然是太阳系中除地球之外最宜居的行星。

设想一下我们在火星上生存，总共需要完成几个步骤？

第一是解决水的问题。水是生命之源，火星两极本身就含有水冰，地下也有冰层，而冰化为水汽后，可以被现有技术轻易提取。除此之外，还有一些方法也可以收集到可用的水源。例如，通过加热土壤收集水，通过大气冷凝，提取空气中的水汽，都是可行的方法。不过，这些途径需要的技术更复杂，也更昂贵。

第二是解决食物问题。火星的土壤与地球土壤有相似的成分。虽然火星上的太阳光比地球上弱，但可以通过光线的收集增强或人造光源，满足植物光合作用的需要。现在的技术已经可以实现改造火星土壤，通过在土壤中加入有机质和微生物群落，使之更接近地球土壤，从而实现种植的目的。

第三是氧气供给。火星的大气中约有 95% 是二氧化碳，氧气含量很低，不足以支持人类呼吸。不过，现有技术已经给出了很好的解决方案。麻省理工学院的科学家发明了名为"莫克西"的制氧机，利用反向燃料电池的原理，将火星大气中约 95% 的二氧化碳转化为 78% 的氧气。余下的一氧化碳作为副产品排出制氧机，作为燃料使用。2020 年 7 月，这台制氧机随毅力号火星车前往火星。2021 年 2 月 19 日抵达火星开始测试。从一开始，这台制氧机就被设计为可扩展模式，可以扩大到现有规模的 100 倍，这一试验目前已取得成功，可以满足一个人生存所需的氧气。

第四是建造住所。刚登陆火星时，我们可以住在密封的充气庇护所，或是登陆舱中。由于火星大气层很稀薄，强烈的紫外线会损害人类的健康。由于缺少磁场的保护，宇宙射线甚至会改变人类的 DNA。因此，躲进地下，建设地下城市可能是一个明智的选择。

第五是解决服装问题。火星上空气稀薄，因此昼夜温差极大。白天，最热的地方温度超过 20℃，夜间气温下降到零下 70℃ 到零下 80℃。全球性的沙尘暴时有发生，甚至持续数月。因此，需要制造特殊的火星服，不仅能让人适应低气压，足够坚固，还能让人的身体保持正常的温度。科学家已经研制了一种光滑紧身的火星服，可以满足身体保暖和火星生存的需要；同时，在现有的空间站航天服的基础上改造成的火星服，也可以满足需求。

水、氧气、食物、住所、服装，似乎在火星生存的一切条件都已经满足了，移民火星指日可待。不过，实际情况要比这困难得多，复杂得多，还要做更多的准备。从地球上人类已经适应的重力，到发射时的超重，飞行途中的失重，到进入火星大气层时再次超重；登陆火星后，又要适应仅为地球表面三分之一的火星重力，人的生理状态会发生显著的变化。几年之后，人类可能还会回到地球，就需要经受相反的重力体验。这种过山车式的重力变化，不是人体可以承受的。地球到火星的旅途长达数月，空间狭小，物资匮乏。登陆之后，面对无尽的荒凉，难以忍受的孤独，人的心理状态如何调节，也是一个巨大的问题。因此，要实现在火星上生存，我们还面临很多障碍，前路漫漫。但根据目前的研究结果，火星移民并没有不可克服的困难，而每一点突破，都在积累人类走向深空的经验，提高我们的能力。

走向深空

行星之王迎来"朱诺"到访

2016 年 7 月 5 日 11 时 18 分，朱诺号探测器历经 5 年的行星际飞行，终于抵达此次旅途的目的地——木星。朱诺号是继 1989 年发射的伽利略号之后，世界上第二个专门探测木星及其卫星的探测器。

木星是天空中第四亮的天体，亮度仅次于太阳、月球和金星。木星是太阳系八颗行星之一，是从太阳向外的第五颗行星，与太阳的平均距离约为 5.2 天文单位。木星绕太阳公转一圈称为"木星年"，约是 11.86 个地球年。由于木星绕行天球一周约为 12 年，与地支相同，被人们用于定岁纪年，中国古代也把木星称为岁星。木星是太阳系的行星之王，在除太阳外的太阳系天体中，木星占总质量的三分之一，是其他七大行星质量总和的 2.5 倍还多，是地球质量的 318 倍。木星的体积约为地球的 1321 倍，但密度只有 1.4 克 / 厘米 ^{3}，比地球等类地行星小得多。

木星的体积和质量虽大，但自转速度很快，是太阳系中自转速度最快的行星。由于高速自转，导致木星呈现两极稍扁、赤道略鼓的形状。木星的主要成分与太阳相似，主要由氢和氦组成。据推测，木星中心有一个由硅酸盐岩石和铁组成的内核，质量约为地球质量的 10 倍，中心温度可能高达 30500℃。

木星探测的主要特点是距离远、引力强、辐射强、卫星多，且为气态行星，探测方式不同于月球、火星等固态岩石星球，这些特点对探测器设计提出了考验。

朱诺号作为 NASA "新疆界"级别的探测任务，是该系列中继新视野号探测冥王星之后的第二次任务，肩负着探测木星表面及其内部，了解太阳系起源和演化的使命。此外，朱诺号还搭载了 3 个玩偶，分别是朱庇特、朱诺和伽利略。朱庇特手持闪电杖，象征着至高无上的权威；朱诺手持放大镜，貌似要看透世间的一切；伽利略一手握着望远镜，另一手举着木星。这 3 个玩偶成功吸引了全世界孩子们的关注，产生了明显的科学传播效果。

彗星探测，破解生命起源之谜

彗星来自太阳系边缘，其中，长周期彗星来自离太阳约 1 光年的奥尔特云，短周期彗星可能来自距离太阳 30 个天文单位以外的柯伊伯带。奥尔特云被称为彗星的老家，那里聚集着数万亿颗彗星。

彗星是太阳系中一类神秘的天体，其中含有很多太阳系形成之初的原始物质。彗星有时候离地球很近，有时候又飞到太阳系的边缘。它的结构、组成和运行规律一直让科学家们着迷。目前，人类已经发射了多个彗星探测器。其中，美国的深度撞击号对坦普尔一号彗星进行了猛烈撞击，从撞出的大坑里探索彗星内部的物质。

图 7-7　美国深度撞击号

欧洲航天局研制的罗塞塔号探测器携带的菲莱着陆器，成功着陆楚留莫夫-格拉希门克彗星（简称楚-格彗星，编号67P），成为人类历史上首个登陆彗核表面的航天器。这次彗星探测任务吸引了全世界数十亿公众的长时间关注，集中展示了欧洲的航天能力。罗塞塔号彗星探测器于1993年开始研制，2004年3月发射，2014年11月登陆，历时21年。探测器在太空中飞行10年零8个月，其中3次飞越地球，1次飞越火星，飞行距离超过60亿千米。整个任务设计寿命为4个月，耗资13亿欧元，耗费了数千名科学家和工程师的心血。付出巨大代价探测彗星，究竟意义何在？

首先，彗星探测对研究太阳系的物质组成和起源至关重要。彗星是太阳星云凝聚形成太阳和行星之后的残留物，彗星上没有地震、火山等地质活动，且远离太阳照射，长期处于又冷又暗的"冷库"中，几乎完美地保存了太阳系最初形成时的信息。

其次，彗星探测有望回答地球上的水是否来自彗星、为什么地球上的氨基酸都是左旋形式、彗星撞击是否为地球开启了生命之门等关键问题，从而揭开地球生命起源之谜。自人类开启智慧以来，始终被一个基本问题困扰着：我们来自哪里？即生命是如何起源的。根据现有认识和大量证据，生命的产生需要水和有机物。地球上的水是彗星撞击地球带来的，还是原始地球岩浆分异产生的？目前还没有定论。有一种说法是，彗星是由水冰和岩石碎片、有机物等组成的"脏雪球"。在地球历史早期，大量彗星撞击地球表面，不仅带来了丰富的水源，形成了原始海洋，而且彗星携带的各类烷烃、氨基酸、脂肪酸、多环芳烃和卟啉等有机物在原始海洋中熬成了一锅有机"浓汤"。在地球适宜的温度、大气层等环境条件下，"浓汤"中诞生了最初级的生命。但这只是一种猜测，是否真的如此，还需要大量的证据才能回答。

最后，从地球生物演化历史看，彗星等小天体的撞击多次导致地球气候环境剧变和生物灭绝事件，如 6500 万年前的恐龙大灭绝、100 多年前的通古斯大爆炸等。1994 年，舒梅克 - 列维 9 号彗星的碎片，接连撞击木星，带去巨量的含硫、氮的物质和金属元素，释放的能量相当于 20 亿颗原子弹爆炸；2013 年 2 月 15 日，一颗小行星撞击俄罗斯车里雅宾斯克州，导致人员受伤和大量建筑物受损，进入大气层之前，其直径还不到 20 米。可以预料，彗星撞击地球的灾难性事件未来必然还会发生。因此，有必要通过彗星探测，了解彗核的结构和物质组成，精确掌握其轨道运动规律。一旦观测到可能撞击地球的彗星，我们就可以运用航天技术，改变彗星的运行轨道，防止其撞击地球，危害人类安全。

小行星探测

大多数小行星运行在火星和木星之间的轨道上，这个轨道称为小行星带。小行星带里运行着数以百万计的小行星，它们形状各异，大小不一，环绕着太阳运行。其中，最大的小行星是谷神星，直径约 950 千米。一些小行星上蕴藏着丰富的矿产资源，如果开发和利用小行星上的资源，将为未来深空探测提供新的机遇。就像齐奥尔科夫斯基说过的那样，"总有一天，人类将像学会骑马那样，骑着小行星去旅行"。

1989 年发射的伽利略号探测器在飞往木星的途中，曾经探测了 951 号小行星（951 Gaspra），这是人类第一次对小行星进行近

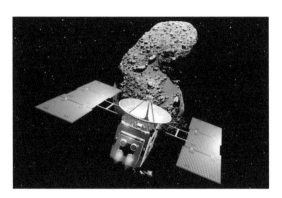

图 7-8   隼鸟号小行星探测器接近丝川小行星示意图

距离观测。2000 年，近地小行星交会（NEAR）探测器对爱神星（一颗阿莫尔型小行星）进行了绕飞探测。2003 年，日本发射了隼鸟号小行星探测器，对丝川小行星进行了成功的探测。2010 年 6 月采样返回地球。隼鸟二号于 2018 年抵达临时编号为 1999JU3（龙宫）的小行星。

2007 年，美国发射的黎明号探测器先后对灶神星和谷神星进行了探测。美国在奥巴马政府时期，曾经提出一项规模更为宏大的探测计划，打算派遣探测器，抓住一颗小行星，再拖到月球附近，使其成为环绕月球的卫星，再派航天员登陆小行星进行考察。

随着探月工程和火星探测工程的成功实施，我国正在开展木星、小行星等探测任务，威胁人类生存和繁衍的彗星和小行星，将成为未来深空探测的重要目标，目的是回答太阳系的起源、生命起源等基本科学问题，保护地球和人类的安全。

远征冥王星

冥王星是距离地球很远的一颗矮行星。2015 年 7 月，新视野号探测器经过 9 年半的飞行，终于到达冥王星附近，拍摄到了它的清晰照片并发回地球，激起了公众对这颗曾经的"行星"的无限好奇。因为冥王星离太阳很远，已经无法再用太阳能电池来为探测器供电。所以，新视野号携带了一枚核电池，像黑色的尾巴一样拖在探测器的后面。

新视野号耗资 7 亿美元，于 2006 年 1 月发射升空。2014 年 12 月 7 日，在行星际飞行了 48 亿千米的新视野号被成功唤醒，于 2015 年 1 月开始探测冥王星及其所在的柯伊伯带。在新视野号任务论证和发射时，冥王星还是太阳系中唯一没有被航天器探测过的行星，新视野号担负着探访太阳系最遥远行星的使命，被赋

图 7-9　新视野号探测器示意图

予重要的象征意义。
2006 年 8 月，国际天
文学联合会第 26 届
大会通过第五号决
议，更改了行星的定
义。由于在冥王星所
在的柯伊伯带发现了
体积和质量可能更大
的阋神星（后来发现，

图 7-10 冥王星

阋神星的体积被高估了，冥王星依然是柯伊伯带中体积最大的天
体），天文学家认为，这些绕太阳运转、体积和质量较大的圆球状
的天体，不具有清空其轨道区域的能力，不能被称为行星，冥王星
由此被降级为矮行星，其正式名称为 134340 号小行星。

柯伊伯带

早在 20 世纪 90 年代初，科学家就在柯伊伯带艰难地搜寻，
并在 1992 年首次观测到除了冥王星及其卫星外的天体——直径
250 千米的 1992QB1，这是柯伊伯带首次被观测证实，而在此之
前，它还只是理论预测。这些遥远天体究竟有何吸引力，值得我们
长期守候并努力探索呢？

首先，柯伊伯带是太阳系的"新大陆"。新视野号的发现极
大地改变了我们对太阳系结构的认识。在太阳系中，以离太阳
2.3 ～ 3.3 个天文单位的小行星带为界，分为内太阳系和外太阳

系。内太阳系包括水星、金星、地球和火星，称为类地行星，均为岩石质天体；外太阳系包括木星、土星、天王星和海王星，称为类木行星，均为气液态巨行星。柯伊伯带是位于海王星轨道以外、环绕太阳系黄道面、小天体密集的圆盘状区域，离太阳约30～50个天文单位。在柯伊伯带之外，离太阳5万～10万个天文单位的地方还有分布着成千上万颗冰冻天体的奥尔特云，至今还没有被航天器探测过。我们对太阳系边缘的广阔空间知之甚少，对太阳系结构的认识仍然不够清晰。新视野号的主要目标，是探测以冥王星及其卫星为代表的柯伊伯带天体，将这片区域的场景清晰地展现出来。

其次，所有深空探测任务的终极科学目标，都是为了回答太阳系和行星的形成与演化这一关键问题。除彗星外，柯伊伯带还有数十颗直径200～2000千米不等、由岩石和冰块组成的天体，其中以冥王星及其卫星最为典型。柯伊伯带的小天体作为形成行星的原始胚胎，对研究行星的形成具有重要价值。太阳系不仅有行星，还有数以亿计的小天体，包括矮行星、彗星、小行星。从科学角度而言，深空探测就是探测太阳系的各种天体类型和主要区域，逐渐了解太阳系的全貌。

我们知道，太阳系起源于一团弥漫着气体和尘埃的太阳星云。由于快速旋转，星云逐渐凝聚，形成星子，星子之间相互碰撞、吸积增大而形成行星胚胎，行星胚胎进一步彼此吸引、增大，形成数量较少、质量较重的原始行星。太阳星云的残留物质形成数量众多的小天体。而矮行星就是没有长大成行星的行星胚胎。新视野号通过对冥王星、冥卫一等柯伊伯带天体的探测，帮助科学家揭示行星形成的关键环节。

再次，远征太阳系深空将牵引航天技术新突破。新视野号奔赴柯伊伯带的旅途长达 9 年半，为延长探测器的寿命和减少地面维护的费用，探测器在旅途中有三分之二的时间在休眠。为实现早日抵达冥王星的目标，新视野号先飞抵木星开展飞越探测，并借助木星引力进行加速。由于距离遥远，探测器抵达冥王星附近后，从地面发出指令到地面接收到探测器发出的应答信号需要 4.5 小时，这对数据传输链路和测控精度的要求均大大提高。柯伊伯带远离太阳，十分寒冷且黑暗，冥王星表面温度低至 −212℃～−234℃，太阳辐射强度仅为地球上的千分之一。因此，我们必须研发高效核能系统，以保障探测器正常工作。新视野号在深空远征中的超长寿命航天器设计、行星借力飞行、超远距离测控通信和数据传输、太空核能等关键技术，也是中国航天人正在努力突破的重要领域。

虽然冥王星在 2006 年被开除出行星队伍，降级为矮行星，长期以来对冥王星是否具有行星地位的争议尘埃落定，但是，冥王星本身并没有任何改变，只是人类对它的认识发生了改变。这种改变正是科学进步的结果。此外，脱离了争议地位的冥王星毫无争议地成为了柯伊柏带数千颗冰冻小天体的"领头羊"。对冥王星探测发现的冰火山、龟甲地形等地质现象，证明它仍有活跃的地质活动。特别是，冥王星上发现的"冥王之心"——汤博平原，更吸引了全世界的关注。

对柯伊伯带中的遥远天体的探测，需要突破数据传输、测控能力、航天器研制等关键技术，以及任务实施周期长等困难，这

彗星的 "家"

　　柯伊柏带位于太阳系的边缘,离地球 30 ～ 50 个天文单位,那里十分寒冷、黑暗,探测难度很大。直到 1992 年,柯伊柏带才首次被观测事实证实,是一片名副其实的太阳系新大陆。柯伊柏带是短周期彗星的 "发源地",著名的哈雷彗星就来自柯伊柏带。彗星主要是由水冰、氨、甲烷、一氧化碳、少量的复杂有机物等物质组成。当远离太阳时,彗星只是一个直径为数千米的暗黑色冰球;当运行到太阳附近时,彗星上的挥发物开始 "熔化"、脱落,形成长长的彗尾,甚至延伸至 10 万千米以远。每一次飞到太阳附近,彗星都会释放出大量的挥发性物质,并损失一些质量。经过很多个周期消耗之后,彗星最终将丧失大部分质量,藏匿在黑暗寒冷的太阳系边缘。因此,可以推测,在遥远的太阳系边缘,一定有一个大型的彗星补给基地,老的彗星逐渐消失,新的彗星补充进来。不然的话,经过漫长的 46 亿年的太阳系演化历史,如今地球上的人类可能早就没有机会看到彗星了。那么,哪里才是彗星的补给基地呢?

　　数百年天文观测对彗星轨道的跟踪计算,以及深空探测的结果表明,彗星的 "老家" 在远离太阳的海王星以远。其中,短周期彗星主要来自柯伊伯带,长周期彗星主要来自奥尔特云。

些都将触及航天技术的极限。通过实施科学牵引的深空探测任务，突破和掌握航天器长寿命设计、核同位素电源、长期行星际飞行、行星借力飞行、穿越小行星带、远距离测控等关键技术，可推动中国航天技术迈上一个新高度。

太空探索的冒险精神和科学精神将鼓舞着我们，给予我们信心。

飞向太阳的探测器

太阳是太阳系的绝对主宰，太阳系内所有的天体都受控于太阳的引力和太阳释放的能量。进入航天时代的 60 多年来，科学家一直希望近距离探测太阳，航天技术特别是新材料、新技术的发展让这一想法成为现实。

我们以美国的太阳探测器附加任务（Solar Probe Plus，SPP）为例，说明探测太阳面临的主要困难。该任务的探测器计划绕太阳运转 24 次，7 次飞越金星进行引力助推，实现近距离探测太阳，并俯冲进入太阳的外层大气。在与太阳的三次"亲密接触"中，探测器离太阳表面的距离不到 643 万千米，环境温度高达 1300℃，甚至更高。探测器需要经受严酷的太阳环境的考验。为此，航天工程师专门设计了一个 11 厘米厚的保护罩，由碳纤维复合材料制成，从而使探测器内部的仪器设备保持在正常工作温度。

SPP 探测器携带了测量太阳磁场、等离子体以及高能粒子的科学仪器，对太阳风进行成像，收集太阳活动的探测数据，追踪日冕发出的高能粒子流、理解其加热机制，探讨太阳风加速的原理等，帮助科学家们预报空间天气事件。

地球上的天气主要受控于对流层内的大气运动，而在太阳系内的空间天气，主要取决于太阳。如果太阳活动水平低，对航天器的安全运行比较有利；反之，就危险了。高能粒子可能损坏航天器上的仪器设备，导致飞行任务中止或失败。历史上，曾多次出现太阳风暴导致卫星失灵甚至坠毁的案例。对载人航天而言，即使有坚固的防辐射舱，飞船本身仍然无法躲避太阳风暴的袭击。很多地面设备，如电网和移动通信也受制于太阳活动的强度。因此，理解太阳活动机制，是空间天气预报的前提。

人类已经对太阳黑子进行了长达数百年的观测和记录，发现太阳黑子数存在大致 11 年的变化周期，称为太阳活动周。黑子是太阳活动强度的表征，是强太阳磁场聚集的产物。黑子常常成群结对地出现，形成黑子群。

黑子多的时候，太阳活动更加频繁和剧烈。黑子数目最多的时候，称为太阳活动峰年或极大期。峰年时的太阳容易"发火"，一言不合就放出一个太阳风暴，如耀斑和日冕物质抛射事件等。太阳风暴含有高能粒子和高能辐射。地球在磁场和大气层的保护下相对安全，但仍有可能发生通信中断、导航失灵、断电等问题；若太阳风暴

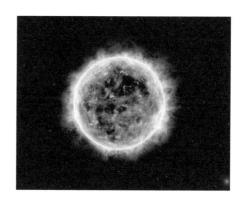

图 7-11　太阳耀斑

击中载人飞船或空间站，超剂量的辐射甚至将威胁到航天员的生命安全。

黑子数目少的时候，是太阳活动谷年或极小期，这时的太阳呈现出一张洁净的"大白脸"，称为无黑子日，常常出现在太阳活动周的谷年前后。太阳活动谷年期间，无黑子日通常持续很长时间，甚至数百天。如 1913 年和 2008 年分别有 311 天和 266 天没有出现太阳黑子。

行星科学将迎来重要发展阶段

空间科学、天文学、行星科学是人类认识太空和宇宙的三大支柱学科。其中，空间科学主要研究地球以外的日地之间的空间物理过程；天文学则具有更大的时间和空间尺度，以看得更深、更广、更多为己任。通过巡天观测，发现新的天文现象，探索其背后的物理机制是天文学的主要目标。

行星科学是在天文学和地球科学基础上发展起来的，是一门典型的交叉学科，包括行星天文学、行星地质、行星物理、行星化学、行星大气、行星生物学、比较行星学等分支学科。行星科学主要研究太阳系各层次天体的运动和轨道、表面形貌、物质组成、内部结构、空间环境等。长远目标是寻找地外宜居环境和生命信号、预防太阳活动和小天体撞击对地球的灾害性影响、探究太阳系和行星的起源以及演化历史。

太阳系是人类赖以生存的恒星系统，在可以预见的将来，人类的命运仍将被束缚在太阳系以内。地球首先是一颗行星，行星科学是地球科学的自然延伸。

行星科学是一门既古老又年轻的学科。说它古老，是指这门学科从古代科学家对太阳系各大行星的轨道计算和观测开始，到现在至少已有数百年甚至上千年的历史。说它年轻，是指行星科学是一门新兴学科，其最主要的科学进展是在人类进入航天时代之后取得的。1957 年，苏联发射了第一颗人造地球卫星，标志着太空时代的到来。1958 年美国发射第一颗月球探测器，标志着行星科学进入了太阳系探测的新时代。迄今为止，世界各国已实施了 200 多次月球和行星探测活动，先后对月球、各大行星及其卫星、矮行星、小行星和彗星等进行探测。人类发射的航天器已经探测了几乎所有太阳系内的主要天体类型。

20 世纪 90 年代以来，以发展行星科学为己任的深空探测出现了一些积极变化。深空探测从早期以技术突破为主，转向以科学驱动为主，并逐渐向科学牵引转变。这体现在深空探测任务建议主要由科学家提出，在整个任务论证和实施过程中，始终围绕科学目标实现和科学成果最大化这个目标展开。深空探测从早期的太阳系普查，发展到重点探测某些天体，呈现出一条清晰的发展脉络，即以月球和火星探测为重点，先开展月球探测，接着开展火星探测，火星探测是月球探测的继承和发展。先实现载人登月，接着建设月球基地和准备载人登陆火星，这一趋势已经越来越明晰。深空探测的任务规模和经费投入、技术挑战和人才需求，使它呈现出明显的国际合作特征，通过国际合作，分担经费、责任和风险，实现技术和人才的融合，这也说明深空探测是全人类共同的事业。

图 7-12　太阳系的结构与组成

　　深空探测显著带动了人类的科学创新、技术突破和应用拓展，增长了人类对宇宙尤其是太阳系的认知，拓展了人类的知识疆界，提高了人类认识和保护地球、拓展生存空间的能力，激发了公众特别是年轻一代的探索、发现和挑战精神。

　　21 世纪是人类全面探测太阳系的新时代。通过深空探测，发现更多的行星科学问题，有利于提出新的探测计划，而新的探测任务，有利于推动关键科学问题的解答。因此，行星科学的发展是深空探测的源头活水，也是它的最终目标。欧美国家的行星科学队伍规模和经费投入都很大，美国成立了专门的月球与行星实验室、行星科学研究中心，每年参加欧洲行星科学大会和美国月球与行星科学大会的人数均达上千人，会期长达一周，各类行星科学专业研讨会不胜枚举。

　　行星科学在我国的发展，如果从开展陨石学研究和天体化学研究开始算，已经超过了半个世纪，如果从开展探月工程开始算起，则已经走过约 20 年的历史。传统的地球科学大多与资源、能源、环境等联系密切，没有对地球所处的太阳系和地球的"兄弟姐妹"给予足够关注，而这一现象正在发生改变。地球首先是一颗具有行星属性的天体，太阳系的行星系统是验证地球科学理论的理想实验室，行星科学的发展也有助于地球科学新概念、新方法、新理论的提出和验证。

"不识庐山真面目，只缘身在此山中"，只有把地球放在太阳系大家族的角度来认识，才能跳出地球看地球。一个简单的例子是，通过深空探测，我们发现，临近地球的天体——月球、水星、金星、火星等类地行星表面，都分布着密密麻麻的撞击坑，有些撞击坑的规模相当巨大，导致行星表面物质被溅射到全球，甚至使行星自转轴发生倾斜。这使我们自然而然地想到，地球应该也曾经遭受过无数的撞击，这些撞击对地球的演化进程、演化方向、矿产资源的形成和分布、生命的出现和生物的进化，等等，可能产生了显著的影响。

根据规划，我国未来将以月球和火星探测为主导，统筹开展对小行星、太阳、金星、木星系统等的探测。

随着我国月球和深空探测的进展，我国科学家在陨石学研究、地外撞击事件、月球遥感和月球样品研究、火星水冰探测等方面已经获得一大批科学成果。与此同时，我们正在计划和实施月球科研站、小行星探测、火星采样返回等新的探测任务。这些可喜的进展，使深空探测呈现快速、可持续的发展，随着行星科学一级学科的设立，我国的行星科学正在进入一个新的重要发展阶段。

第 8 章

太空探索的未来

地球给予我们的是物质的精华，让我们能够享受这颗星球的丰沛物产，并发展出现代文明。地球是善良的母亲！

地球的可持续发展

　　我们正面临着关乎人类存续的一个巨大关卡，也是我们必须面对的考验。地球的丰沛物产，让人类出现在这个星球上并繁衍生息，发展出令我们引以为豪的现代文明。当地球环境恶化时，人类也在努力改变自己的行为以减少对环境的影响。然而，我们面临的事实，却是环境污染、物种的消失、资源的匮乏……全球变化的速度之快，让我们措手不及。当地球不再宜居，无力支撑人类生存的时候，我们该走向何方呢？答案是太空！宇宙！

　　人类未来的生存和发展，需要人类运用千百年来获取并积累起来的智慧，从地球出发，探索环境相对险恶却更为广阔的太空和宇宙。

图8-1　呵护地球

应对全球变化

我们能够进入太空，登陆月球和火星，飞越小行星，揭开金星浓密大气层下的神秘面纱，人类为能一窥其他星球的秘密而兴奋不已，但是对地球，我们又该如何进行整体观测呢？实际上，地球正发生着一系列变化，与人类的切身利益密切相关。关注地球，我们责无旁贷。

为了对地球进行遥感观测，我们需要发射一系列对地观测卫星。对地观测卫星，泛指对地球资源与环境进行遥感监测的各种人造卫星和航天器，包括气象卫星、陆地卫星、海洋卫星、空间站以及其他特殊用途的卫星。利用对地观测卫星，科学家可以对地球资源和环境进行监测，以获取大面积和长周期的观测数据。最终，提出有效的应对措施和解决方案。

应对全球变化，首先要了解地球正在发生的变化。例如，碳卫星通过监测大气层中二氧化碳的浓度，帮助科学家精确了解世界各地二氧化碳排放的情况。国土资源卫星可以对各地的土地利用现状进行监测，通过与历史数据对比，我们可以发现土地使用过程中的不当行为。海洋卫星通过对海水的温度、盐度，海洋颜色和海冰厚度的观测，评估海洋的健康状况，帮助我们分析全球变化对海平面上升和海洋环境的影响。

防御小天体撞击

地球面临着小天体撞击的危险，大型撞击会给人类带来毁灭

图 8-2　小行星撞击地球假想图

性的灾害。利用地面望远镜和太空望远镜监测可能撞击地球的小天体，研发新的航天技术有效地阻止它们，是太空探索的一项重要任务。

　　NASA 曾经提出过空间防御巡天计划，这是一项望远镜观测计划，用于搜寻地球附近直径几千米的小天体。这一尺寸的小天体的撞击，足以造成全球性的灾难。此外，能给地球造成局部破坏的小天体，数量在两万个以上，需要对其进行风险评估，以便在危急时刻拉响红色警报。

　　当地面观测发现一颗小行星正在奔向撞击地球的轨道上时，又该怎么办呢？为了让小行星偏转至少 1 个地球半径，避免与地球直接相撞，必须提前数年或数十年使用撞击、核爆、推动或引力牵引等各种办法，稍稍改变它的速度，偏转其运行轨道，使它与地球擦肩而过。

探索未知

认识太阳系的起源与演化

行星的形成和太阳系的演化是一个复杂的过程。木星在太阳系中率先形成，并影响了其他天体的形成。它是像其他行星一样逐渐形成的，还是像一颗小型恒星那样，在引力作用下一蹴而就形成的呢？木星的重元素含量异常是否说明它原先的位置离太阳较远，然后才向内迁移？木星在向内太阳系迁移的过程中，会改变许多比它小得多的天体的运行轨道，这些天体又到哪里去了呢？这些问题至今还没有定论。

星尘计划已经从一颗彗星的彗核周围采集了尘埃样本，并送回地球。罗塞塔号上的菲莱着陆器在人类历史上首次登陆彗核。作为富含有机物的小天体，对彗星的研究，有助于我们探寻生命的起源。因为彗星从太阳星云中收集了太阳系早期物质。这些物质被包裹在冰中，并在深空中保存了几十亿年。在彗核中已经发现了许多来自太阳系内侧和外侧，甚至是类冥王星天体的碎片物质。

月球是太空考古的另一个目标。利用撞击坑的密度，我们可以推算出月球表面的相对年龄，而阿波罗计划、苏联月球号系列探测计划和中国嫦娥五号采回的月岩样品，对这些样品的研究都获得了月球表面的绝对年龄。相对年龄说明了不同地层的先后关系，绝对年龄说明了每一地层的真实年龄，两者关联在一起，让月球成为了解早期太阳系撞击历史的"罗塞塔石碑"。

小行星带中的小行星似乎早于火星形成，而火星又早于地球形成，这似乎暗示着，太阳系的行星形成过程是由外而内的。也许，太阳系各个行星形成的整个过程都是木星引发的。金星的形成也符合这一模式吗？在酸云、高压和烤箱般高温的环境下，金星是一个很难着陆探测的地方。因此，人类至今对金星表面知之甚少，除了用能够穿过大气层的雷达波探测到金星的地形外，对它的岩石类型，矿物组成和元素含量都还不清楚。

有科学家认为，金星处于太阳系宜居带的内边界，火星处于宜居的外边界，而地球恰好处于两者之间。了解不同行星之间的差异，是搜寻系外行星和地外生命的前提。

重视发挥科学需求对航天技术的牵引作用

在分析世界航天强国的发展历程后，我们不难发现，航天技术的发展在早期，往往以技术突破为目的，以实现人类首次探测为主要象征，如第一颗人造地球卫星、第一次载人航天、第一次环绕月球、第一次飞越火星、第一次载人登月等，在 1969 年阿波罗 11 号实现人类首次登月后，这些探测活动达到最高潮。这些探测记录在人类航天史上树立了一个又一个的里程碑，成为表征各国航天技术能力的重要标志。

随着航天技术的逐渐成熟和探测疆域的扩展，可供人类实现"首次"探测的领域已经比较难找了。但与此同时，科学界在地面观测、实验室分析和理论研究等方法之外，越来越希望借助太空特殊的环境，验证各种理论、假说，探索未知的科学问题。以生命科学为例，科学家希望利用地面实验室难以实现的实验条件，在太空中开展生命科学研究，发展出太空生物学这一新的学科方向；此外，科学家在太空特别是太阳系各类天体上寻找氨基酸、核苷酸、嘌呤等复杂有机物和生命初始物质，探寻可能的地外生命信息，回答地球生命起源的基本问题，发展出天体生物学的学科方向。

2004 年，绕月探测工程刚立项的时候，工程领导力排众议，在中国航天发展史上，第一次在总指挥和总设计师的"两总"系统之外，设立了月球应用科学首席科学家一职，致力于组织论证和提出探月工程的科学目标，并根据科学目标提出载荷配置，为发挥科学需求在航天工程中的作用进行了有益探索。

科学研究总体上是以科学家的研究兴趣和自由探索为主要特征。科学家的想象较少受到现有技术能力的约束，他们往往能够提出一些大胆新奇的探测设想。虽然，这些设想所需的技术需要航天工程师垫起脚尖，甚至跳起来才能够得着，可能被认为是不切实际或异想天开。但不可否认的是，这些大胆设想对现有航天技术能力提出了更高的要求。即使是现有技术条件下难以实现的目标，通过科学家和工程师的反复论证，或许能找到科学上可以接受、技术上基本可行的探测方案。这种以科学需求为导向的太空探索活动，既可以显著提升现有的航天技术能力，又可以获得具有重要创新的科学产出，是深空探测未来的主要发展方向。

深空探测本质上是科学探测，其中科学目标的地位十分重要、不可或缺。科学是牵引工程研制的重要引擎，也是深空探测的终极目标。航天工程和科学需求的深度结合，可以创造出合作共赢的结果。

航天事业的发展，一方面，需要面向社会需求和国家安全，开展航天应用。另一方面，为实现航天事业的可持续发展，需要特别重视发挥科学需求在航天技术发展中的牵引作用，鼓励从事基础研究的科学家深度参与到航天工程的研制过程中。不仅科学探测仪器要由科学家牵头研制，甚至针对某些特殊任务，科学家还要根据科学需求，来主导航天器的设计。在深空探测任务中，努力实现科学与工程的良性互动，可以明显加速中国从航天大国向航天强国的转型。

商业航天的探索

美国民营航天企业 SpaceX 公司研发的猎鹰 9 号火箭的第一级火箭将卫星送入太空之后，再次进入地球大气层，回到发射场附近的着陆平台，在世界上首次实现了运载火箭的成功回收，这一成就震动了全球航天界、科技界。有人甚至感叹，航天发射将迎来白菜价。那么，SpaceX 是如何实现火箭回收的呢？火箭回收和重复利用对航天业未来发展有何影响呢？

航天发展的瓶颈在火箭，如何把一大堆很重的物体送入太空，一直是制约人类太空探索的难点。在大多数人的概念中，火箭就是一次性产品，点火之后一飞冲天，把航天器（卫星或飞船）送入预定轨道，火箭的使命就完成了。

运载火箭一般分为多级，先后多次点火，最早点火的称为第一级火箭。SpaceX 成功回收猎鹰 9 号火箭的第一级，回收后的火箭也已实现多次重复利用。这是否意味着"廉价"航天已经离我们不远了？

传统上，火箭生产采用研发模式，每一枚火箭都要经历设计、生产、测试等环节，大大增加了生产周期和成本，浪费了人力物力。

在航天事业发展的早期，由于发射任务少（往往一年也发射不了几次），这种专门设计的方式适用于这种小批量生产的模式。但在如今每年发射超过 50 次以上，未来还可能达到上百次的情况下，航天企业正在改造原有的研发流程，以适应批量化生产的需要。

区别于传统研发模式，SpaceX 采用了批量化生产、商业化发展的方式，火箭所有软硬件均在它的控制范围内，不存在外包环节，所以火箭的生产周期和质量全程可控。SpaceX 在航天领域率先实践流水线化的生产模式，只要一次成功，便可以次次成功。虽然也会存在一定的故障率，但不存在重新研发的风险。

这种商业化生产火箭和飞船的模式，像生产冰箱、洗衣机等民用产品一样，通过商品化、规模化生产航天器可以显著降低生产成本。猎鹰 9 号火箭的标准发射费用为 5400 万美元，已经是世界上最便宜的发射工具，且仍有进一步降价的空间。民营航天业的发展不仅大大降低了进入太空的成本，也使航天发展贴近民众，越来越多的普通人都能方便地接触到航天活动，并从中受益。

太空生存

在外太空严酷的环境中，人能够长期生存吗？如何维持航天员基本的生存需求？这是人类飞出地球首先要解决的问题，这涉及环境控制与生命保障系统，简称环控生保系统。在航天实践中，科学家们设计和发明了多种解决方案。

航天员在太空中生活几十天乃至半年、一年，他们所需的食物、水和氧气是如何解决的呢？如果太空飞行持续时间短，航天员人数较少，几个人所需要的一切生活必需物品，可以在发射时一次性从地面带上去。早期的载人航天就采用了这种方式。空间站长期在太空中运行，为了给航天员提供生活保障物资，一般采用定期发射货运飞船的方式来补充必需品，这种方式称为补给式环控生保系统。运用这种方式，我们只需建造一个环境温度、湿度、空气压力和成分受到精确控制的密闭空间，其他生活必需品由地面供应即可。但是，仅依靠地面补给，无法维持人的长期太空生存，更无法支撑人类飞向星辰大海的梦想。于是，一种再生式环控生保系统方案被提了出来。

现在，我们可以利用化学或物理方法，在太空中制备氧气以供呼吸需要；把废水、废液，包括人体排泄的汗液和尿液，收集起来，经过净化后再利用，甚至作为航天员的饮用水。这些都是再生式环控生保系统，这种方案已经相对成熟并得到应用。但是，它仍无法保障更长时间的太空飞行和地外生存。

　　科学家已经提出了未来太空生命保障系统的种种设想。受地球自然生态系统的启发，他们正在研究受控生态生命保障系统。生物世界是一个奇妙的世界，地球上的生物链和谐地保持着一个合理的动态平衡。那么，人类为什么不可以在航天器上，在未来的月球基地或火星城市中，人工构建一个"微缩版地球"呢？理想和现实还有多远的距离？受控生态生命保障系统如何实现？这是科学家们探索的目标，也是航天技术中的前沿领域。

　　早在载人航天事业刚刚起步的时候，一些科学家就提出过一个大胆的设想，即开辟人类第四个生存环境，建立地外生存基地，实现太空移民。密闭生态系统的实现与否，成为能否实现人类移民外星球的决定性因素。许多科学家根据知识储备和研究结果，设计出了一幅幅充满奇思妙想的太空移民蓝图。

图 8-4　火星基地设想图